Frank Hagenow

Führen ohne Psychotricks

Kostenlos mobil weiterlesen! So einfach geht's:

 1. Kostenlose App installieren

 2. Zuletzt gelesene Buchseite scannen

 3. 25% des Buchs ab gescannter Seite mobil weiterlesen

 4. Bequem zurück zum Buch durch Druck-Seitenzahlen in der App

Hier geht's zur kostenlosen App:
www.papego.de/app
Erhältlich für Apple iOS und Android.
Papego ist ein Angebot der Briends
GmbH, Hamburg. www.papego.de

FRANK HAGENOW

Führen ohne Psychotricks

Mit Ethik und Anstand
Menschen gewinnen

Bibliografische Information der Deutschen Nationalbibliothek

Die Deutsche Nationalbibliothek verzeichnet diese Publikation
in der Deutschen Nationalbibliografie; detaillierte bibliografische
Daten sind im Internet über http://dnb.d-nb.de abrufbar.

Sonderausgabe der unter der ISBN 978-3-86936-824-5 erschienenen Ausgabe

Lektorat: Dr. Michael Madel, Ruppichteroth
Umschlaggestaltung: Martin Zech Design, Bremen | www.martinzech.de
Titelfoto: KsushaArt / Shutterstock
Autorenfotos: Ingo Boelter
Satz und Layout: Das Herstellungsbüro, Hamburg | www.buch-herstellungsbuero.de
Druck und Bindung: Salzland Druck, Staßfurt

© 2018 GABAL Verlag, Offenbach

Printed in Germany

www.gabal-verlag.de
www.facebook.com/Gabalbuecher
www.twitter.com/gabalbuecher

Inhalt

IV. Die Manager-Toolbox für Ihre Kommandobrücke

Willkommen an Bord: Wir lichten die Anker

Wieso denn *noch* ein Buch über Führung? Die Regale der Buchhandlungen stehen doch schon voll davon. Muss denn der Hagenow auch noch seinen Senf dazugeben? Ist zu diesem Thema nicht schon alles gesagt? »Doch«, könnte man mit einem Zitat von Karl Valentin antworten: »Es ist schon alles gesagt – nur noch nicht von allen.«

Das Thema Führung ist sehr vielschichtig und einem ständigen Wandel unterworfen. Als Psychologe, Business Coach und Kommunikationstrainer sind mir vor allem die menschlichen und zwischenmenschlichen Aspekte wichtig. Denn es sind immer die Menschen, die in den Unternehmen miteinander zu schaffen haben – und einander dabei oftmals auch zu schaffen machen. Dieses Buch ist jedoch kein Plädoyer für Basisdemokratie oder Kuschel-Management. Wir leben in einer freien Marktwirtschaft, in der der Erfolg aller nun einmal davon abhängt, ob und wie profitabel ein Unternehmen wirtschaftet.

Wenn Sie als Führungskraft, Manager, Vorstand oder Unternehmer tätig sind, tragen Sie eine hohe Verantwortung und sollten die psychologischen Tricks, Fallstricke, Mechanismen und Phänomene der Chefetagen kennen. Deshalb liefere ich Ihnen in den Teilen I bis III dieses Buches umfassendes Hintergrundwissen und psychologische Grundlagen für Ihren Führungsalltag. Aber ich möchte noch einen Schritt weiter gehen und Ihnen darüber hinaus im vierten Teil in der »Manager-Toolbox« effektvolle Werkzeuge, Tipps und Checklisten für die Anwendung in der Praxis zur Verfügung stellen, um Ihre Kompetenzen für ein Führen auf Augenhöhe zu erweitern.

Ich bin zutiefst davon überzeugt, dass Ihnen und Ihrem Unternehmen eine werteorientierte Führung knallharte Wettbewerbsvorteile verschafft. Außerdem laufen Sie so weniger Gefahr, als Führungskraft zwischen den Mühlsteinen der Hierarchie aufgerieben zu werden. Hierbei hilft Ihnen ein Führungsstil, der Klarheit schafft, Kompetenz und Augenmaß beweist, Mitarbeiter mit Anstand behandelt und vor allem auf Augenhöhe stattfindet. Wenn Sie auf langfristigen Erfolg setzen sowie Vertrauen und stabile Kontakte aufbauen wollen, dann sind Sie hier genau richtig. Willkommen an Bord!

Beim Schreiben des Buchtextes habe ich mich im Wesentlichen auf Formulierungen in der männlichen Form beschränkt. Einerseits, weil Führungspositionen (leider!) meistens immer noch von Männern besetzt sind. Vor allem aber, um Ihnen das Lesen zu erleichtern und sprachliche Ungetüme wie zum Beispiel »Ihr(e) Mitarbeiter(in) begegnet Ihnen als Chef(in) mit seinen/ihren eigenen Wertvorstellungen« zu vermeiden. Dennoch sind ausdrücklich immer auch weibliche Führungskräfte, Managerinnen oder Mitarbeiterinnen gemeint. Schließlich handelt es sich um ein universelles, gender-neutrales Thema.

In diesem Buch erfahren Sie, auf welche unterschiedliche Weise Sie mit Psychotricks in Berührung kommen können, welche Bedeutung und Auswirkungen diese Tricks haben und wie Sie diese mit den richtigen Lösungsansätzen umschiffen können.

Ich wünsche Ihnen »Mast- und Schotbruch« beim Führen auf Augenhöhe – ohne Psychotricks.

Ihr
Frank Hagenow

TEIL I

Auf dem falschen Dampfer – die Faszination der Psychotricks

Damit Sie die Hinweise für den Umgang mit Psycho-tricks und das »Führen ohne Psychotricks« richtig nutzen können, ist es – neben einigen allgemeinen Hintergrundinformationen – wichtig, vor allem das berufliche Umfeld abzustecken, in dem Psychotricks gerne eingesetzt werden. Und darum ist das ein Schwerpunkt der folgenden vier Kapitel.

1. Schummeln erwünscht: Lug und Trug – wohin man schaut

Darum geht es jetzt!
Woher die Faszination für psychologische Tricks kommt und was uns überhaupt so anfällig für Manipulationen macht. Warum wir uns manchmal so leicht verführen lassen und wider besseres Wissen alle Alarmsignale überhören. An welchen bekannten und weniger geläufigen Beispielen unsere persönlichen Strickmuster deutlich werden.

Der Psychotrick: Wie alles begann

»Apfel gefällig?«
»Oh nein, lieber nicht. Das könnte Ärger geben.«
»Merkt doch keiner.«
»Aber: wenn das rauskommt … dann fliegen wir doch sicher hier raus.«
»Ach, was soll schon groß passieren?«
»Hhm … na, gut.« (hineinbeiß)
»Haha, reingefallen!« (davonschleich)

Am Anfang erschuf Gott Adam und Eva – und der Teufel den Psychotrick. Die Sache mit dem Apfel stellt zumindest für unsere abendländische Kultur so etwas wie den Anbeginn der Verführung, der Manipulation dar. Sozusagen der Prototyp des Psychotricks. Und schon damals hatte die kurzfristige Aussicht auf Erfolg letztlich langfristig negative Konsequenzen im Schlepptau. Der Wunsch nach einem Machtgewinn durch die Frucht vom Baume der Erkenntnis wurde nämlich leider viel schneller als vermutet entdeckt und mit einer fristlosen Kündigung für die beiden ersten Geschäftsführer des Unternehmens Menschheit quittiert.

»Einspruch, Herr Vorsitzender, wir wurden reingelegt.«
»Schwacher Vortrag. Schon mal etwas von freiem Willen und Eigen-
  verantwortung gehört?«
»Ja, aber ...«
»Nix da, selber schuld. Ende der Diskussion. So sorry.«
Letzte Konsequenz: Rauswurf. Die Vertreibung des Menschen aus
  dem Garten Eden.

Wenn wir der Story noch etwas weiter folgen wollen, ging damit der ganze Ärger eigentlich erst so richtig los. Als ob der Platzverweis allein nicht schon schlimm genug gewesen wäre, gab es für den Rest der Menschheit eine ganze Reihe von weiteren Unannehmlichkeiten. Die bis dahin als natürlich empfundene Nacktheit war plötzlich mit einer bislang unbekannten Scham behaftet und musste fortan verhüllt werden. Auch die Verantwortung für die Ressorts »Nahrungsbeschaffung« sowie »Fortpflanzung« wurde vom Chef für alle Zukunft an die Mitarbeiter delegiert. Dabei hätte doch alles so einfach sein können. Stellen Sie sich doch nur einmal vor, was uns alles erspart geblieben wäre, wenn sich Frau Eva an dieser signifikanten Schnittstelle menschlicher Entwicklungsgeschichte einfach anders entschieden hätte. Wenn sie gegenüber ihrem CEO etwas mehr Loyalität und Compliance an den Tag gelegt hätte. Wenn sie kurz vor diesem emotional gesteuerten Schnellschuss einen Moment inne gehalten und vielleicht um einen Tag Bedenkzeit gebeten hätte (»Vielen Dank, Herr Schlange, für das interessante Angebot. Ich würde aber gern noch einmal eine Nacht darüber schlafen«). Vielleicht hätte sie dann auch die Gelegenheit genutzt, um ein vertrauensvolles Gespräch mit ihrem Mann zu führen (»Du, Adam, stell dir vor, was mir heute so ein zwielichtiger Vertreter vorgeschlagen hat. Denkst du, dass ich darauf eingehen sollte?«). Und mit reiflicher Überlegung, unter Abwägung aller Vor- und Nachteile, hätte sie sich dann vermutlich gegen den Apfelklau entschieden (»Ach nö. Lass mal lieber«).

Welch eine charakterliche Größe wäre es gewesen, dieser Versuchung zu widerstehen! Und wie hätte sich die Geschichte der Menschheit dann vermutlich weiterentwickelt? Vielleicht würden wir noch heute im Paradies leben und wären mit der Natur und unserem Selbstwertgefühl im Reinen. Wir bräuchten nicht unendlich viel Geld für Kleidung, Friseurbesuche, Cellulite-Cremes oder plastische Chirurgie auszugeben. Wie herrlich wäre es, sich keine Sorgen um die eigene Existenzsicherung machen zu müssen! Wir wären nicht mit so belastenden Lebensfragen konfrontiert, welches Kleid wir heute anziehen oder für welches neue Auto wir uns nach Ablauf des Leasingvertrags denn nun diesmal entscheiden sollen. Schönen Dank auch, Frau Eva! Wir würden uns heute nicht über Psychotricks Gedanken machen müssen. Ich würde darüber keine Vorträge halten, hätte dieses Buch nicht geschrieben und Sie hätten es nicht kaufen können. Na ja – zugegeben –, das hätte dann auch irgendwie seine Nachteile gehabt. Nun gut, genug des Wunschdenkens. Wie Sie ja wissen, ist es doch alles ganz anders gekommen.

> **Die Grundlage unserer Existenz ist Vertrauen. Darum schmerzen uns Psychotricks auch so sehr.**

Seit dem etwas verunglückten Start des Unternehmens Menschheit sieht unsere Realität nun im Allgemeinen so aus, dass wir als Säugling in diese Welt geboren werden. Was bedeutet das für uns? Eben waren wir noch in Mamas warmen Bauch, diesem Uterus-Paradies, in dem vollumfänglich und wohltemperiert für uns gesorgt wurde. Wir brauchten uns um keinerlei Nahrungsbeschaffung oder -entsorgung zu kümmern und wurden in unserer Fruchtblase der Glückseligkeit auch nicht von dubiosen Apfel-Verführern belästigt. Leider wurde es dort dann doch irgendwann zu eng und wir mussten das Licht der Welt erblicken, auch wenn wir noch gar nicht so richtig fertigentwickelt waren. Im Grunde wieder ein Rauswurf aus dem Paradies. Und diesmal, obwohl wir uns in keiner Weise daneben benommen hatten. Mietverhältnis abgelaufen – Auszug erforderlich – Licht an – Leine los – Atmen, bitte. Kaum, dass wir uns von den Strapazen unseres Umzugs erholt haben, sind wir ganz unvermittelt in eine völlig fremde Umgebung hineingeboren. In diesem neuen Umfeld sind wir dann auch gleich einmal mit den alltäglichen Mühen unseres neuen Daseins konfrontiert – und hoffnungslos überfordert. Bisher ungekannte Sinneseindrücke wie Hunger, Durst oder Verdauungsaktivitäten belasten uns – das muss schon ein ziemlicher Schock für so eine zarte Kinderseele sein. Das Einzige, was uns jetzt hilft und über die Runden rettet, ist: Vertrauen. Das ist die Grundlage unserer Existenz. Und zwar noch bevor wir überhaupt wissen, was Vertrauen ist oder wie es ausgesprochen wird. Uns bleibt überhaupt nichts anderes übrig, als in unserer Verletzlichkeit darauf zu vertrauen, dass für uns gesorgt wird. Dass man sich um uns kümmert und unsere Bedürfnisse erfüllt. Selbst dann, wenn wir sie momentan nur durch unartikulierte Lautäußerung kundtun können. Sonst sterben wir.

Im Gegensatz zu anderen Säugetierarten sind wir kurz nach unserer Geburt noch nicht in der Lage, auf eigenen Beinen zu stehen und halbwegs autonom zurechtzukommen. Um soweit zu sein, müssten wir noch etwa ein Jahr länger im Mutterleib verbringen; erst dann wären wir groß genug und bereit für den aufrechten Gang. Aber das machen selbst die aufopferungsbereiteste Mutter und das gebärfreudigste Becken der Welt nicht mit. Deshalb müssen wir also leider mitten in unserem halbfertigen Entwicklungsprozess geboren werden, weil wir ansonsten schlicht zu schwergewichtig für den Absprung durch den natürlichen Vertriebsweg wären. Und daher muss sich an die frühe Geburt noch eine umfangreiche Phase der Brutpflege anschließen, und auch danach sind wir mit unserer Entwicklung ja längst noch nicht fertig. Vielmehr müssen wir durch Erziehung und Schule mühsam einsehen, dass wir nicht der Mittelpunkt der Welt sind und dem anderen nicht einfach im Sandkasten die Schaufel wegnehmen dürfen.

Darüber hinaus müssen wir voller Mühe lernen, dass wir nicht alles haben können, was wir gern hätten. Und schon gar nicht immer gleich auf der Stelle. Vielmehr besteht unsere nächste Entwicklungsaufgabe darin zu verstehen, dass wir unsere Wünsche nicht immer sofort erfüllt bekommen und manche Ziele erst auf einem mühevollen Weg mit einem langen Atem erreichen können. Das kindliche »Lustprinzip« (»Ich will alles, gleich jetzt sofort!«) wird, wenn bei uns alles gut läuft, vom »Realitätsprinzip« (»Vor den Erfolg haben die Götter den Schweiß gesetzt!«) abgelöst. Davon hat Sigmund Freud schon vor über hundert Jahren berichtet. Für diesen Entwicklungsschritt brauchen wir allerdings eine gehörige Portion Zuversicht und positive

Kontrollüberzeugung, dass wir unsere Ziele auch mit Geduld und Zielstrebigkeit erreichen können. Wir müssen einsehen, dass es durchaus sinnvoll sein kann, wenn wir die kurzfristige Bedürfnisbefriedigung zugunsten eines späteren, noch attraktiveren Ziels vertagen. Sehr hilfreich und positiv verstärkend ist es für uns, wenn wir schon die eine oder andere erfolgreiche Erfahrung mit dieser Strategie gemacht haben. Selbst der gelegentliche Misserfolg vermag uns dabei nicht unbedingt vom Kurs abzubringen. Nein, ganz im Gegenteil. Manchmal werden wir dadurch sogar erst recht angespornt, weil ein Erfolg nur dann als solcher erlebt wird, wenn er mit einer entsprechenden Anstrengung verbunden war. Zu oft sollten wir allerdings auch nicht scheitern, weil der positiv verstärkende Effekt ansonsten in Frustration und Resignation umschlagen kann. Oder wie der frühere Bundeskanzler und Friedensnobelpreisträger Willy Brandt es ausdrückte: »Niederlagen stählen. Aber nur, wenn es nicht zu viele sind!«

Vertrauen spielt für uns in unserem Entwicklungsprozess also eine zentrale Rolle. Nicht nur als Menschenjunges, sondern auch auf unserem gesamten weiteren Entwicklungsweg. Vertrauen zu müssen, vertrauen zu wollen und gleichzeitig in der Ambivalenz zu stecken, ob wir auch wirklich vertrauen können. Auch wenn wir uns schon längst aus kindlicher Abhängigkeit herausentwickelt haben, bleibt für uns immer eine wichtige Frage, ob unser Vertrauen nicht doch enttäuscht wird. Das nimmt weiterhin Einfluss auf uns und unser Selbstwertgefühl, auch wenn es später nicht mehr so existenzbedrohend wie am Anfang sein mag. Menschen sind soziale Wesen. Wir sind voneinander abhängig und allein auf uns gestellt nicht überlebensfähig. Deshalb brauchen wir Vertrauen, Zuversicht und die anderen Menschen um uns herum.

 Insofern liegt es wohl in der Natur des Menschen, an eine (noch) bessere Zukunft oder manchmal sogar an Wunder glauben zu wollen. Allerdings macht uns das dann wiederum sehr anfällig für allerlei Psychotricks.

Täter und Opfer: Die geheime Anziehungskraft von Psychotricks

Die Faszination von Psychotricks hat verschiedene Seiten. Da ist zunächst die Seite der Täter. Diejenigen, die psychologische Winkelzüge anwenden, um die eigene Machtposition auszubauen, um andere Menschen für die eigenen Interessen einzusetzen. Im schlimmsten Fall, um sie abhängig und klein zu halten. Macht über andere haben bedeutet, in einer überlegenen Position zu sein. Und das kann das eigene Selbstwertgefühl ganz schön aufwerten. Die Anfälligkeit für Psychotricks begleitet uns schon durch den gesamten Lauf der Menschheitsgeschichte. Solange es die Menschheit gibt, gab es auch immer Vertreter dieser Gattung, die mit List und Tücke versucht haben, sich einen Vorteil zu ergaunern. Und zwar im Wesentlichen dadurch, dass sie andere, meist weniger listige Ableger der eigenen Spezies übers Ohr gehauen haben. Mit mehr oder weniger subtilen Methoden; je nachdem, wie es dabei um die eigene Intelligenz und die des Gegenübers bestellt war.

Die Geschichte ist voll von Betrügereien an der Menschheit. Da gab es etwa den geheimnisvollen reisenden Heiler, der sein »Wunderelixier« gegen allerlei Gebrechen auf mittelalterlichen Märkten der gutgläubigen Dorfgemeinschaft verkaufte (übrigens großartig verkörpert von Borat-Darsteller Sacha Baron Cohen in der Verfilmung des Musicals »Sweeney Todd – The Demon Barber of Fleet Street« mit Johnny Depp und Helena Bonham Carter in den Hauptrollen). Dieser Heiler – das ist der Vorgänger des zwielichtigen Gebrauchtwagenverkäufers oder Staubsaugervertreters.

 Das Unbekannte, das Verheißungs- und Geheimnisvolle, das Vielleicht-doch-Mögliche, das Verbotene: All das übt auf uns bis heute seine ungebrochene Anziehungskraft aus.

Es macht uns als Menschen gleichermaßen außergewöhnlich und anfällig. Diese Offenheit für Neues hat uns im positiven Sinne ja erst zu dem werden lassen, was uns so einzigartig macht. Nämlich zu einer außerordentlichen Spezies, die von unstillbarer Neugier, von Pioniergeist und Zuversicht getrieben ist. Die bestrebt ist, sich selbst sowie ihre

Umwelt immer weiter zu entdecken, zu hinterfragen und weiterzuentwickeln. Viele große Erfinder und Entdecker mussten am Anfang ihres Weges den Mut haben, das bis dahin unmöglich Geglaubte infrage zu stellen. Sonst gäbe es vermutlich viele Errungenschaften des digitalen Zeitalters nicht. Ohne Zweifel und Visionen wäre die Erde vermutlich in unserer Wahrnehmung noch immer eine Scheibe und der Mittelpunkt des Universums. Dabei spielt es den Tricksern in die Hände, dass wir uns auch gern einmal verführen lassen und das glauben, was wir glauben wollen.

Außerdem fällt es uns anscheinend leichter etwas zu glauben, was uns von kompetenten Fachleuten oder solchen, die wir dafür halten, glaubhaft vorgetragen wird. Wenn dann auch noch eine bestimmte Art von Autorität ins Spiel kommt, scheint dem Irrsinn Tür und Tor geöffnet zu sein. Dann stolpern wir erst im Nachhinein über Äußerungen wie: »Die Titanic ist unsinkbar, liebe Passagiere. Macht euch um die wenigen Rettungsboote und das bisschen Eisberg keine Sorgen.«

Der Staatsratsvorsitzende der DDR, Walter Ulbricht, verkündete auf einer Pressekonferenz in Ost-Berlin am 15. Juni 1961: »Niemand hat die Absicht, eine Mauer zu errichten.« Das war glatt gelogen, denn begonnen wurde der Mauerbau dann schon etwa zwei Monate später, im August 1961. Oder denken Sie nur an die Berichte über Saddam Husseins vermeintliche Giftgasanlagen und Massenvernichtungswaffen im Irak, mit denen der Golfkrieg 2003 vom Zaun gebrochen wurde – und die dann hinterher keiner gefunden hat.

Allerdings sind wir keineswegs immer nur das arme Opfer, das wieder einmal den hinterhältigen Machenschaften fieser Manipulatoren auf den Leim gegangen ist. Oft genug sind wir auch Täter, indem wir selbst versuchen zu manipulieren und zu tricksen, um uns einen Vorteil zu verschaffen. Vielleicht tun wir dies sogar, ohne uns dessen bewusst zu sein. Die Übergänge von der wohlwollenden Auslegung bestimmter Aussagen zu unseren eigenen Gunsten bis hin zum handfesten Betrug in der Hoffnung, dass es keiner merkt und wir ungestraft in den Genuss der verbotenen Früchte kommen, sind fließend. Da ist es letztlich ganz gleichgültig, ob es um die wohlwollende Interpretation der eigenen Steuererklärung oder die Strategie Ihres Rechtsanwalts vor Gericht geht.

Menschen in Führungspositionen müssen jedoch neben den Wünschen des Einzelnen auch immer das große Ganze im Blick behalten und versuchen, sämtliche Erfordernisse mit Weitblick zu berücksichtigen. So würde es zum Beispiel keinen wirklichen Sinn ergeben, wenn ein Chef allen seinen Mitarbeitern den nachvollziehbaren Wunsch nach einer generösen Gehaltserhöhung erfüllt und damit die Liquidität des Unternehmens für mittelfristige Investitionen gefährdet. Denn dann könnte es passieren, dass am Ende für alle die Lampen ausgehen.

Der Traum vom Glück

Wenn Sie gern Lotto spielen, sind Sie in guter Gesellschaft. Das tun mit Ihnen in Deutschland jede Woche etwa 20 Millionen Menschen. In anderen Ländern dürfte das Interesse ähnlich hoch liegen. Die Chancen auf einen echten Lottogewinn in nennenswerter Höhe sind allerdings tatsächlich sehr gering. Sie liegen etwa bei 1:140 Millionen (6 aus 49 mit Superzahl). Das bedeutet, dass es ungefähr 140 Millionen verschiedene Kombinationen dieser Zahlen gibt und Sie theoretisch 140 Millionen verschiedene Tipps abgeben müssten, um mit Sicherheit die gezogenen Zahlen dabei zu haben. Oder anders ausgedrückt: Sie spielen mit Ihrer Tipp-Kombination gegen etwa 140 Millionen andere Tipp-Kombinationen, die mit gleicher Wahrscheinlichkeit gezogen werden könnten.

»Nicht ausgeschlossen«, werden Sie jetzt vielleicht sagen, »schließlich trifft es ja fast jede Woche irgendeinen Glücklichen in diesem Land.« Stimmt auch. Allerdings gewinnt dieser Glückliche ja auch nur das Geld, was andere vorher eingesetzt und verloren haben. Haben Sie gewusst, dass nur etwa 50 Prozent der Lottoeinnahmen auch tatsächlich wieder an die Gewinner verteilt werden? Die andere Hälfte versickert schon vorher in der Staatskasse und bei den Betreibergesellschaften. Als zusätzliche Raffinesse kommt hinzu, dass Sie auch bei einem Hauptgewinn nicht wissen, wie hoch Ihr Gewinn tatsächlich ausfallen wird. Dies hängt nämlich zunächst einmal davon ab, wie viele Menschen überhaupt mitgespielt und in den Glückstopf eingezahlt haben. Und dann kommt es noch darauf an, ob es neben Ihnen auch andere Glückliche gibt, die dieselben Zahlen getippt haben. Wenn Sie das Pech haben, dass neben Ihnen auch noch fünf andere den Jackpot geknackt haben, dann wird die Gewinnsumme letztlich unter Ihnen allen aufgeteilt. Sie sehen schon, das Risiko ist vollkommen auf Ihrer Seite.

Da stellt sich doch die Frage, warum überhaupt so viele Menschen jede Woche wieder einen Lottoschein ausfüllen. Zumal viele von ihnen auf Nachfrage angeben, ohnehin nicht ernsthaft mit einem großen Gewinn zu rechnen. Es scheint also nicht wirklich um die reale Gewinnchance zu gehen, sondern es geht um den Glauben an das persönliche Glück. Genau genommen kaufen wir uns mit dem Lotterielos eine Baugenehmigung für unsere Luftschlösser. Es gibt uns die Gelegenheit, mit relativ geringem Einsatz über die eigenen Grenzen und Beschränkungen des Alltags sowie unserer Lebensrealität hinaus zu träumen. Schnell wird da der eigentlich wertneutrale Zufall auf die eigene Person bezogen und je nach seiner positiven oder negativen Ausrichtung als Glück oder Pech wahrgenommen. Fragen Sie einmal die Menschen in Ihrem Umfeld, was sie mit einem Lottogewinn anfangen würden. Und dann beobachten Sie dabei deren Reaktion. Selbst eingefleischte Realisten und erklärte Lottogegner, die überhaupt nicht Lotto spielen, fangen plötzlich an, Wunschträume zu formulieren und sich auszumalen, wie ihr Leben mit viel Geld in einer besseren Welt aussehen könnte.

In diesem Zusammenhang ist übrigens interessant, sich einmal mit realen Lottogewinnern zu beschäftigen. So hat man Menschen, die tatsächlich mit einem größeren Millionengewinn gesegnet waren, nach einigen Jahren wieder besucht. Man wollte wissen, was aus ihnen und ihrem Gewinn geworden ist. Das Ergebnis ist ebenso verblüffend wie ernüchternd. Man traf im Wesentlichen zwei verschiedene Gewinnertypen an: Die einen lebten in einem gewissen, wenn auch nicht übertriebenen Wohlstand, während die anderen pleite waren oder sogar noch mehr Schulden als vorher hatten. Bei näherer Betrachtung stellte sich heraus, dass die Menschen der einen Gruppe auch schon vor dem Lottogewinn mit ihren früheren, bescheideneren Mitteln ein durchaus zufriedenstellendes Leben geführt hatten. Bei der anderen Gruppe zeigte sich, dass diese Menschen auch schon vorher erhebliche Schwierigkeiten hatten, mit Geld wirtschaftlich umzugehen. Daran hatte auch der unerwartete Geldsegen nichts geändert. Vielmehr wurde das Geld innerhalb kurzer Zeit für allerlei spontane Konsumträume wie Reisen, Autos, Kleidung, Luxusartikel und Partys ausgegeben. Unterm Strich könnten wir sagen, dass auch ein unerwarteter Gewinn nur dann langfristige Vorteile hat, wenn es gelingt, verantwortungsbewusst und mit Weitblick damit umzugehen. Und damit schließt sich der Kreis zu den Kompetenzen, die Sie auch als Führungskraft für einen langfristigen Erfolg benötigen.

Die Macht der Gewohnheit

Am Beispiel statistischer Wahrscheinlichkeiten ist gut zu erkennen, wie sehr uns unsere subjektive Wahrnehmung und Einschätzung der Realität einen Streich spielt. Gefühlt wird ein Ereignis umso unwahrscheinlicher, je länger es nicht eingetreten ist. Je häufiger wir mit einem Ereignis konfrontiert werden, desto schneller wird es für uns zur Normalität. Wenn Sie beispielsweise 20 Jahre lang unfallfrei Auto gefahren sind, ist das nichts Besonderes mehr für Sie. Sie gehen dann fast wie selbstverständlich davon aus, dass Sie auch bei Ihrer nächsten Fahrt unfallfrei an Ihr Ziel gelangen werden. Schließlich ist es ja schon lange gut gegangen. Sie sind ein erfahrener, guter Autofahrer, und der Erfolg gibt Ihnen irgendwie recht. Statistisch gesehen steigt jedoch die Wahrscheinlichkeit eines Unfalls mit jedem Tag, an dem Sie keinen Unfall hatten, gerade weil es ja schon so lange gut gegangen ist. Irgendwann ist das Unfallereignis jedoch statistisch fällig. Dennoch suggeriert uns die unfallfreie Realität eine trügerische Sicherheit, sie vermittelt uns den Eindruck der eigenen Unverletzlichkeit. Trotzdem würden Sie vermutlich nicht aufhören, sich beim Autofahren anzuschnallen, nur weil Sie den Sicherheitsgurt in der Vergangenheit nicht gebraucht haben.

In unserer Lebensrealität werden wir immer wieder mit Ereignissen konfrontiert, die zwar statistisch gesehen ähnlich selten wie ein Lottogewinn eintreten, die uns aber dennoch mit großer Sorge erfüllen. Dazu gehören so unliebsame Ereignisse wie vom Blitz getroffen zu werden oder von einem herabfallenden Ziegelstein oder einem umfallenden Baum. Vielleicht befürchten wir auch, einem Terroranschlag oder dem Angriff eines Haifischs zum Opfer zu fallen. Auch ein Flugzeugabsturz dürfte auf der Skala der Dinge, auf die wir gern verzichten können, ganz oben stehen. Wie Sie vielleicht wissen, besteht jedoch die größte Gefahr, während einer Flugreise zu Schaden zu kommen, darin, auf dem Weg zum Flughafen einen Autounfall zu erleiden. Trotzdem schätzen wir die gefühlte Gefahr viel höher ein, als es ihrer statistischen Wahrscheinlichkeit tatsächlich angemessen wäre. Dies liegt sicher auch an der Berichterstattung durch die Medien, wenn es dann doch einmal zu einem solch seltenen Ereignis gekommen ist. Ein Flugzeugabsturz erhält in der medialen Berichterstattung eine übermäßige Präsenz und Bedeutung, während die vielen unauffälligen, planmäßigen und sicheren Flüge vorher keine einzige Meldung wert sind. Da, wo nichts passiert, gibt es halt auch nichts zu berichten.

Die kleinen, gemeinen und kaum auffallenden Psychotricks lauern überall.

In einem ähnlichen Zusammenhang können Sie die psychologischen Tricks und Manipulationen in unserem Alltag sehen, denn sie begegnen uns an allen Ecken und Enden. Genau genommen arbeitet jeder Supermarkt mit Psychotricks, um mehr Umsatz zu machen. Das Ziel ist, Sie als Kunden möglichst lange im Laden zu halten, in eine angenehme Gefühlslage zu versetzen und Ihnen dann auch noch ein besonderes Kauferlebnis zu verschaffen.

Es wird viel dafür getan, damit Sie sich wohlfühlen und bereit sind, Ihr Geld auszugeben. Der übergroße Einkaufswagen suggeriert Ihnen: »Hier ist noch fast gar nichts drin. Bist du sicher, dass du schon alles hast?« Großpackungen sind günstiger als kleinere Mengen und laden Sie zum Vorratskauf ein. Beschwingte Musik schafft positive Emotionen. Selbst die Bodenfliesen sind in einigen Märkten so ausgewählt, dass sie aufgrund ihrer Beschaffenheit den Eindruck eines nassen Bodens vermitteln. Warum das? Ganz einfach. Die Hoffnung ist, dass Sie sich über einen vermeintlich nassen Boden vorsichtiger bewegen, weil Sie die Sorge haben, auszurutschen. Sie gehen also langsamer und halten sich dadurch länger im Supermarkt auf. Das bedeutet mehr Zeit, die zum Einkaufen und zum Geldausgeben zur Verfügung steht. Jetzt sagen Sie vermutlich: »Auf diese Bauernfängertricks falle *ich* doch nicht herein. Ich habe eine Einkaufsliste und kaufe auch nicht spontan ein, wenn ich Hunger habe.« Darum: Prüfen Sie doch einmal nach Ihrem nächsten Einkauf kritisch, ob Sie wirklich ausschließlich die Dinge gekauft haben, die Sie vorher auch einkaufen wollten.

Vielleicht haben Sie ja schon gelegentlich das eine oder andere Schnäppchen mitgenommen, von dem Sie vorher noch gar nicht gewusst haben, dass Sie es überhaupt brauchen könnten. Oder vielleicht haben Sie nur in einer größeren Menge als ursprünglich beabsichtigt eingekauft, weil die viel günstigere Vorratspackung oder der reduzierte Preis bei Sonderangeboten (»Nimm drei, bezahle zwei«) Sie doch noch überzeugt hat.

Viele solcher Schummeleien sind inzwischen weit verbreitet und zu einer gesellschaftlichen Normalität geworden. Hinter vielen Anfragen und Angeboten vermuten, ja erwarten wir schon gar nichts anderes als eine Mogelpackung. So wie bei den allseits beliebten, aber oftmals illegalen Werbeanrufen von Marketingfirmen. Da lassen uns doch die honigsüße Säuselstimme und der aufgekratzte Überschwang der Anruferin allein schon in die innere Habachtstellung gehen. Sofort liegen wir auf der Lauer und warten auf den großen Moment, in dem sie die Katze aus dem Sack lässt und uns endlich verrät, was sie uns denn nun eigentlich wirklich verkaufen will.

Oder denken Sie einmal an die vielen Versprechen, die Politiker vor einer Wahl abgeben. Kaum jemand von uns glaubt doch wirklich, dass diese vollmundigen Verheißungen später tatsächlich 1:1 in der Realität umgesetzt werden können oder umgesetzt werden sollen. Und jeder kennt das Ritual, wenn dann am Wahlabend das Ergebnis vorliegt und sich die Spitzenpolitiker der beteiligten Parteien nach den ersten Hochrechnungen im Fernsehstudio zusammenfinden, um das voraussichtliche Wahlergebnis zu interpretieren. Da gibt es eigentlich immer nur Gewinner. Und selbst der Kandidat mit den höchsten Verlusten holt aus dem letzten Winkel seines Argumentationsarchivs immer noch irgendeinen fadenscheinigen Vergleich hervor, mit dem er der peinlichen Schlappe etwas Positives abgewinnen kann.

Und da liegt der Trick: Sie müssen nur ein noch schlechteres Ergebnis finden, das Sie dann für den Vergleich bemühen. Voilà! So ähnlich verhält es sich auch in anderen Bereichen, etwa wenn sich das im Makler-Exposé hochtrabend angepriesene »charmante Single-Appartement für unkonventionellen Start-up« als Wohnklo mit Kochgelegenheit oder als Besenkammer mit Hofblick entpuppt.

»Das tun doch alle!« ist dabei ein gern angeführtes Argument für die zahlreichen Beispiele unethischen Handelns in Wirtschaft, Sport und Politik. Manchmal rechtfertigen wir damit auch unser eigenes Handeln vor uns selbst oder anderen, weil es für uns offenbar nicht so moralisch und ethisch verwerflich ist, wenn wir etwas tun, was andere ebenfalls praktizieren.

 **Diese Macht der Gewohnheit sorgt allerdings dann auch dafür, dass die kleineren und größeren Betrügereien in unserem Alltagsleben und unseren Werthaltungen eine bedauerliche Salonfähigkeit bekommen.**

2. Alle Mann an Deck: Der Wunsch nach schnellen Lösungen ohne Widerstand

Darum geht es jetzt!
In welchen Zusammenhängen Psychotricks in Unternehmen zum Einsatz kommen und welche geheimen Hoffnungen wir damit verbinden. Was Sie als Chef beim Umgang mit Konflikten bedenken sollten.

Die Bedürfnisse hinter dem (versteckten) Wunsch nach psychologischen Tricks

Oft erreichen mich Anfragen von Menschen in Unternehmen, die sich Unterstützung für schwierige Situationen wünschen. Dabei geht es häufig um Konflikte, die Führungskräfte mit sich selbst oder anderen Personen haben. Es geht in diesen Anfragen jedoch kaum um Sachfragen oder die Organisation von Vertriebswegen, sondern meistens um menschliche und zwischenmenschliche Themen. Kein Wunder, denn schließlich bin ich ja Psychologe. Bei der Feuerwehr ruft man ja auch nur an, wenn's brennt, und nicht, wenn der Kopierer defekt ist. Bei diesen Anfragen werde ich dann manchmal ganz offen – und manchmal auch ein bisschen hinten herum durch die Blume – nach psychologischen Tricks gefragt (»Können Sie uns mit Ihrem Hintergrundwissen und Ihrer Erfahrung vielleicht ein paar ›hilfreiche Werkzeuge‹ an die Hand geben, mit denen wir das Problem schnell wieder in den Griff bekommen?«). So, als gäbe es ein geheimes, psychologisches Wundermittel, das man sich nur verschaffen und anwenden müsste, um die aktuellen Konflikte fortzuzaubern. Ich kann diesen Wunsch sehr gut nachvollziehen. Da gibt es ein Problem, das einen zur Verzweiflung treibt, das man mit den eigenen Bordmitteln nicht so richtig in den Griff bekommt und das jetzt einfach mal verschwinden soll.

Am Ende kommt dann allerdings meistens etwas ganz anderes zustande als das, was sich der Anfragende ursprünglich vorgestellt hat. Aus der Anfrage nach einem Kommunikationstraining wird dann vielleicht eine Konfliktklärung mit der gesamten Abteilung oder ein Einzelcoaching für die Führungskraft. Was es tatsächlich braucht, um das Problem zu lösen, stellt sich nämlich erst im Prozess des gemeinsamen genaueren Hinsehens heraus.

Was mögen die Bedürfnisse und geheimen Hoffnungen sein, die sich mit dem (versteckten) Wunsch nach Psychotricks verbinden? Und warum wird überhaupt nach Psychotricks gesucht? Die erste Antwort auf diese Frage ist verhältnismäßig banal: weil Psychotricks oftmals funktionieren. Zumindest einmal oder kurzfristig. Damit ist in vielen Situationen das Ziel schon erreicht, denn es geht vielfach nur darum, einen schnellen Erfolg einzufahren. Den nächsten Monatsabschluss positiv hinzubekommen. Die aktuelle Jahresbilanz erfolgreich zu präsentieren. Den Vorstand schnell mal zufriedenzustellen. Den anstrengenden Mitarbeiter erst einmal ruhig zu stellen. Die nächste Wahl zu gewinnen. Den besseren Job zu bekommen. Das drohende Fiasko erst einmal abzuwenden. Und vieles andere mehr. Und somit wäre mit einem psychologischen Trick schon einmal viel gewonnen; später können wir dann ja immer noch weitersehen. Hauptsache, die Kuh ist erst einmal vom Eis.

 **Die Grundmotivation für den Einsatz von Psychotricks kann allerdings sehr unterschiedlich sein.**

Da gibt es Chefs, die ihre manipulativen Winkelzüge ganz bewusst einsetzen, um sich einen Vorteil zu verschaffen. Sie wollen ihre eigene Machtposition durchsetzen, Umwege abkürzen oder unliebsame

Hemmnisse umgehen. Sie sind davon überzeugt, dass dies ein sinnvoller und Erfolg versprechender Weg ist. Eventuelle Nachteile, die ihr Handeln mit sich bringt, werden entweder bewusst in Kauf genommen, ignoriert oder gar nicht erst wahrgenommen. Einem solchen Chef könnte eine klare Analyse der Folgekosten und Kollateralschäden helfen, das eigene Handeln zu überdenken. Nur wenn in einer glaubwürdigen Kosten- und Nutzenabwägung die Vorteile überwiegen, werden Handlungsalternativen überhaupt in Betracht gezogen. Und selbst dann stellt sich die Frage, ob derjenige mit einer anderen Überzeugung und Grundeinstellung zu einem anderen Verhalten dazu überhaupt in der Lage wäre. Dies würde nämlich voraussetzen, dass er auch andere Handlungsmuster und Werkzeuge zur Verfügung hat. Oftmals behaupten diese Chefs, dass sie zwar durchaus anders handeln *könnten*, es aber gar nicht *wollen*. Damit umgehen sie auf elegante Weise, die behaupteten Handlungsalternativen im Ernstfall unter Beweis stellen zu müssen.

Verschiedene Cheftypen wenden unterschiedliche Psychotricks mit unterschiedlichen Zielsetzungen an.

Ein anderer Typus Chef handelt vielleicht ganz schlicht aus einer Überforderung heraus. Er fühlt sich zwar mit seinen manipulativen Interventionen nicht wohl, sieht aber in der momentanen Situation keine wirklichen Alternativen. Er weiß es halt nicht besser. Deshalb greift er in seiner Verzweiflung in die Psychotrickkiste. Das wirkt dann auf sein Umfeld meist etwas halbherzig und unbeholfen, weil es ihm an innerer Überzeugung, Kaltblütigkeit und häufig auch an der notwendigen Übung mangelt. Er hofft darauf, dass seine Unsicherheit und die daraus resultierenden Manipulationsversuche niemandem auffallen. Und falls doch, dann möge man bitte zumindest Verständnis für ihn und seine prekäre Lage haben. Leider tritt sowohl das eine als auch das andere auf Mitarbeiterseite nur in den seltensten Fällen ein. Fast alle Mitarbeiter haben längst bemerkt, welches Spiel hier gespielt wird, und kaum jemand hat deshalb Nachsicht mit dem Chef. Wenn sie sein Spiel mitspielen, dann ebenfalls aus der Ermangelung echter Alternativen (»Was sollen wir denn dagegen schon ausrichten? Er ist ja der Chef und sitzt doch am längeren Hebel!«) oder aus Kalkül (»Wir lassen ihm mal seine Marotten und machen es dann letzten Endes doch so, wie wir es uns vorstellen«).

Überhaupt werden Manipulationsversuche von Mitarbeitern in den meisten Fällen sehr schnell durchschaut. Selbst wenn sich der Chef für besonders listig hält, haben seine Mitarbeiter den Braten schon längst gerochen. Das liegt schlichtweg daran, dass auch die meisten Mitarbeiter mit allen Wassern gewaschen sind, über eigene Berufs- sowie Lebenserfahrung verfügen und mit einer gewissen Grundintelligenz ausgestattet sind, was in Fachkreisen auch als »gesunder Menschenverstand« bezeichnet wird. Und in vielen Fällen besitzen sie selbst auch ihre eigene Psychotrickkiste.

 **Was die beiden Cheftypen allerdings verbindet, ist, dass sie Psychotricks in vollem Bewusstsein einsetzen. Der eine aus Berechnung, der andere aus Ratlosigkeit.**

Es gibt allerdings auch den Fall, dass Führungskräfte psychologische Tricks anwenden, ohne sich dessen bewusst zu sein. Dies ist dann immer der Moment, in dem der Mitarbeiter sich fragt: »Weiß mein Chef eigentlich, was er da anrichtet?« Hier wird in guter Absicht Chaos geschaffen. Und auch in diesen Fällen ist dann »gut gemeint« genau das Gegenteil von »gut gemacht«, denn der Zweck heiligt keinesfalls immer die Mittel. Deshalb werden wir uns im weiteren Verlauf immer wieder damit beschäftigen, woran Sie als Führungskraft solche unbewussten Mechanismen, Phänomene sowie Fallstricke erkennen und was Sie dagegen tun können.

Das weite Feld der psychologischen Tricks beinhaltet Faszination und Fluch gleichermaßen. Dem Wunsch nach einer schnellen Lösung, die der eigenen Vorstellung möglichst vollumfänglich entsprechen soll, steht der Beigeschmack von Manipulation und Gutsherrentum gegenüber. Andererseits geht es auch für Führungskräfte darum, sich vor Manipulation von anderer Seite zu schützen und sich gegen Tricksereien im Haifischbecken mit der Aufschrift »Business und Wettbewerb« zur Wehr setzen zu können. Ansonsten besteht die Gefahr, dass die wichtigen Prinzipien von Ethik und Anstand auf dem Altar des kurzfristigen Erfolgs geopfert werden.

Konflikte als Quelle für Veränderung

Psychotricks werden oft im Zusammenhang mit Konflikten angewendet. Darum ist ein Blick auf das Konfliktmanagement einer Führungskraft notwendig.

Die Reise zu neuen Ufern beginnt meistens mit einem Konflikt – Konflikte sind die Quelle für den daraus resultierenden Handlungsdruck. Konflikte entstehen zwischen Teammitgliedern, die aneinandergeraten sind oder sich gegenseitig auf die Füße getreten haben. Vielleicht tappt ein Einzelner in den Vorgarten eines Anderen hinein oder hat Stress mit dem Rest der Gruppe, weil er etwas getan oder unterlassen hat, was die Gemüter erhitzt. Manchmal gibt es systemimmanente Konflikte zwischen Chefs und Mitarbeitern, die in der Natur der Sache liegen, weil nicht alle Bedürfnisse von Mitarbeitern immer und sofort unter dem Aspekt der Gleichbehandlung berücksichtigt werden können. Mitunter braucht es auch Hilfe von außen, weil es einen aktuellen Konflikt im Unternehmen oder Team gibt, den die Betroffenen mit ihren Bordmitteln und bisherigen Lösungsversuchen nicht mehr in den Griff bekommen haben.

Die klassischen Konflikte drehen sich in aller Regel um ein knappes Gut, das von mehreren Konfliktparteien begehrt wird. Zum Beispiel, wenn am Ende des Geldes noch so unangemessen viel Monat übrig ist oder Ihr Partner die mühsam angesparte Urlaubskasse jetzt völlig zweckentfremden und für Dinge ausgeben will, die Ihnen überhaupt nicht ins Programm passen. Es muss allerdings nicht immer so materiell zugehen, denn das knappe Gut kann auch der Status bzw. die Anerkennung im Unternehmen sein. In jedem Fall gehören Konflikte zu den ungern gesehenen Risiken und Nebenwirkungen unseres zwischenmenschlichen Zusammenlebens. Sie trüben die traute Harmonie und drohen, das gute Betriebsklima zu vergiften. Konflikte machen Angst, weil sie manchmal ungehemmt eskalieren, aus dem Ruder laufen und mit Aggressionen verbunden sind. Schnell überkommt uns das Gefühl, mit so einem Konflikt überfordert zu sein, unsere Souveränität zu verlieren oder hilflos dazustehen, während andere als Sieger aus dem Konflikt hervorgehen. Da ist es eigentlich nicht verwunderlich, dass wir uns Konflikte am liebsten vom Hals schaffen würden. Die Tendenz, unangenehmen Dingen aus dem Weg zu gehen, kennen Sie vielleicht aus anderen Lebensbereichen. Zahnarztbesuch, Darmspiegelung, Ehescheidung oder Elternabend. Alles Ereignisse, die sich nicht gerade einer hohen Beliebtheit erfreuen. Sicherlich kommt uns hier auch unsere Erziehung bzw. Sozialisation in die Quere, die in vielen Fällen ein harmonisches Miteinander anstrebt. In unserer Gesellschaft und insbesondere im Berufsleben stehen Friedlichkeit und Höflichkeit ganz weit oben im Kurs. Paradoxerweise erreichen wir aber gerade mit dem Wunsch nach Harmonie und Konfliktvermeidung genau das Gegenteil. Der Kommunikationsexperte Friedemann Schulz von Thun, von dem noch an anderer Stelle ausführlich die Rede sein soll, bringt es auf den Punkt, indem er betont, dass aus »friedlich« und »höflich« ganz schnell auch »friedhöflich« werden kann. Dann haben wir zwar vielleicht für den Moment keinen offenen Konflikt, aber auch unsere Lebendigkeit geht verloren, die ja erst durch die Verschiedenartigkeit von Standpunkten und Sichtweisen entsteht.

 **In vielen Lebensbereichen fehlt uns eine positiv besetzte Streitkultur, in der es um den respektvollen Dissens geht.**

Viel zu selten geht es um einen echten Austausch von Standpunkten, in dem das interessierte Verstehenwollen Vorrang vor dem Überzeugenwollen um jeden Preis hat. Schnell geht eine abweichende Meinung mit Abwertung, Verunglimpfung, Beschimpfung oder sogar Handgreiflichkeiten einher. Wenn Sie sich einmal die »Diskussionen« in den sozialen Netzwerken anschauen, müssen Sie gar nicht erst auf so heiße Eisen wie die Flüchtlingskrise, Terrorismus oder den Fettnäpfchen-Rundkurs amerikanischer Präsidenten schauen, um eine deutliche Verrohung des Meinungsaustauschs zu erkennen.

Konflikte sind aber nicht nur eine unbeliebte Quelle für Handlungsdruck. Es steckt auch viel Energie darin, die mithilfe einer geschickten Vorgehensweise für positive Veränderungen, also Verbesserungen, genutzt werden kann. Im Grunde genommen ist der Missstand von heute der Startschuss in eine bessere Zukunft. Das wissen Sie vermutlich auch aus eigener Erfahrung, wenn Ihnen die konstruktive Lösung eines Konflikts gelungen ist und Sie am Ende eines mühsamen Klärungsprozesses feststellen, dass das erfolgreiche Ergebnis alle Anstrengungen wert gewesen ist.

Allerdings beinhalten Konflikte auch immer die Gefahr des gemeinsamen Scheiterns. Der Konfliktforscher Friedrich Glasl hat sich sehr intensiv mit der Struktur und Entstehung von Konflikten beschäftigt und beschreibt unterschiedliche Stufen von Konfliktentwicklungen. Dabei gibt es fast immer einen »Point of no return«, von dem an eine konstruktive Konfliktbewältigung unwahrscheinlich, wenn nicht sogar unmöglich wird. Tatsächlich findet sich am Ende der Eskalationsspirale oftmals die Tendenz der Konfliktparteien, unabhängig von eigenen Verlusten nur noch die Vernichtung des Gegners anzustreben. Vielleicht ist es eben diese destruktive Energie, die wir alle irgendwie als verstecken Sprengsatz in unseren Konflikten erahnen und vor der wir uns fürchten. Deshalb ist es durchaus erstrebenswert, sich Konflikten möglichst früh zuzuwenden, um noch rechtzeitig zu einer Winwin-Lösung zu gelangen. Und damit wären wir bei einem wichtigen Thema, denn: Konflikte sind Chefsache.

Chefsache Konfliktklärung

Mitarbeiter tragen immer wieder Konflikte, die sie miteinander haben, an ihre Chefs heran. Hier ist es für Sie in der Rolle des Vorgesetzten wichtig zu verstehen, um welche Art von Konflikt es vermutlich geht und welcher Weg für eine konstruktive Konfliktklärung sinnvoll wäre. Manchmal wählen Mitarbeiter einfach auch nur den bequemeren Weg, indem sie sich an die nächsthöhere Instanz wenden, um die Verantwortung für die Klärung des Konfliktes abgeben zu können. Aus diesem Grund stehen viele Führungskräfte solchen Aufforderungen eher zurückhaltend gegenüber und bringen diese Skepsis mehr oder minder explizit zum Ausdruck: »Das sollen die Mitarbeiter untereinander klären. Da will ich mich gar nicht einmischen. Schließlich sind es ja erwachsene Menschen und sollten das auf zivilisierte, konstruktive Weise selbst hinbekommen. Alles andere wäre unangemessen.«

Das mag in vielen Situationen der richtige Ansatz sein. Auf der anderen Seite kann es womöglich um einen Konflikt gehen, aus dem die Mitarbeiter aus eigener Kraft nicht herausfinden. Dann ist die Intervention der Führungskraft notwendig. Es wäre fatal, in einer solchen Konfliktsituation auf die Kompetenz der Mitarbeiter zu vertrauen, aus eigener Kraft eine schnelle Konfliktlösung herbeiführen zu können. Ja, es wäre sogar fahrlässig, die eigene Führungsverantwortung jetzt nicht wahrzunehmen. Denn die Mitarbeiter haben durch ihr Verhalten doch schon hinreichend demonstriert, dass sie selbst zu einer Lösung nicht imstande sind. Jetzt braucht es das beherzte Eingreifen der Führungskraft, weil sonst noch größerer Schaden zu erwarten ist.

Oftmals scheuen Führungskräfte aber davor zurück, sich in einem Konflikt persönlich zu engagieren, weil sie sich hierfür nicht kompetent genug fühlen. Sie glauben, nicht über die erforderliche Qualifikation und Erfahrung zu verfügen, die für ein effektives Konfliktmanagement erforderlich sind. Das ist verständlich, weil sie zurecht befürchten, aus der Unsicherheit heraus die Situation eher noch zu verschlimmern. In der Praxis wird der Konflikt dann oft ignoriert oder bagatellisiert. Oder es kommt zu halbherzigen Aktionen, mit denen nicht wirklich etwas geklärt wird. Und das ist fatal. Denn so entsteht ein Gefühl der Hilflosigkeit (»Es ist fast schon gleichgültig, was wir tun. Wir haben schon alles versucht, aber wir bekommen das Problem einfach nicht in den Griff«).

Ohne den persönlichen Einsatz der Führungskraft im Konfliktfall kann die Situation rascher eskalieren.

Bedenken Sie: Es ist gar nicht unbedingt erforderlich, dass Sie bei der Konfliktlösung selbst eingreifen. Die Angelegenheit kann auch an einen kompetenten Kollegen oder Mitarbeiter delegiert werden – solange nur die Zuständigkeit bzw. Verantwortung beim Chef bleibt. Auch die Einbindung eines erfahrenen externen Konfliktmoderators kann helfen, wenn Sie als Führungskraft zum Beispiel mit anderen Aufgaben ausgelastet oder überlastet sind.

Wenn Sie aber selbst eingreifen, sollten Sie jede Möglichkeit nutzen, dann auch ein Feedback zu Ihrem Verhalten zu erhalten. Ein Konflikt bietet Ihnen die Chance, als Führungskraft zu wachsen. Deshalb sollten Sie sich nicht nur für die Klärung des Konfliktes zuständig fühlen, sondern auch unbedingt mit offenen Ohren und echtem Interesse den Verlauf bzw. die Ergebnisse verfolgen. So erhalten Sie wertvolle Hinweise zu Ihrem Führungsstil – und zwar in Bezug auf dessen konkrete

Auswirkungen. Denn der Umstand, dass es zu einem gravierenden Konflikt gekommen ist, ist auch immer das Ergebnis des vorausgegangenen Umgangs miteinander. Sofern es nicht um unvermeidbare und zu erwartende Sachkonflikte geht (»Wer bekommt das höhere Budget? Wer erhält die Gehaltserhöhung oder die Prämie? Wie werden Zeit- oder Personalressourcen verteilt?«), bieten Konfliktsituationen oft Hinweise darauf, ob und in welchen Bereichen Sie Ihr Führungsverhalten eventuell verändern sollten.

Keinen Stress, bitte!

Vor einiger Zeit hatte ich eine Anfrage des Geschäftsführers eines mittelständischen Dienstleistungsunternehmens: »Können Sie für meine Regional- und Abteilungsleiter ein Kommunikationstraining machen? Die müssen lernen, wie man miteinander redet.« Auf meine Nachfrage, wie denn die aktuelle Situation sei und was ihn dazu veranlasst habe, gerade jetzt aktiv zu werden, sagte er: »Meine Führungskräfte kommunizieren nicht vernünftig miteinander, sodass Projekte nicht vorankommen oder sogar mit hohen Kosten scheitern. Gerade jetzt steht ein neues größeres Projekt an, das mit dieser Truppe so nicht zu machen ist.« Danach gefragt, ob er denn an einem solchen Kommunikationstraining auch selbst teilnehmen würde, erhielt ich die interessante und typische Antwort: »Nein, da will ich mich gar nicht einmischen. Wenn der Chef dabei ist, werden ja bestimmte Dinge doch nicht so zur Sprache gebracht. Außerdem geht es ja darum, dass die Manager miteinander besser kommunizieren sollen. Da will ich nicht im Weg stehen.« Ich konnte ihn dann aber doch davon überzeugen, zumindest an einer Feedbackrunde teilzunehmen, und fragte ihn, ob er denn gegebenenfalls bereit sei, sich von seinen Führungskräften ein Feedback geben zu lassen. Seine schnelle, ja beinahe reflexartige – und darum »verdächtige« – Antwort: »Selbstverständlich. Wir sind hier ja alle offen für Rückmeldungen.«

Es kam dann tatsächlich zu einem sehr offenen Austausch. Allerdings: Schnell wurde klar, dass das eigentliche Problem nicht die mangelnde Kommunikationsfähigkeit der Manager war. Vielmehr waren nach ihren bisherigen Erfahrungen neue Projekte in der Vergangenheit immer wieder von oben »verordnet« worden, ohne dass sie in die Entscheidungen eingebunden gewesen waren. Kritische Rückmeldungen zu Schwierigkeiten in der Umsetzung waren immer wieder im Sande verlaufen, sodass nur noch die nötigsten Informationen weitergegeben wurden; aber auch das häufig nur nach expliziter Nachfrage.

Ich habe dann statt eines Kommunikationstrainings einen Klärungsprozess-Workshop mit Geschäftsführerbeteiligung vorgeschlagen und dem Geschäftsführer bereits vorher mitgeteilt, dass er sich voraussichtlich auch auf ein kritisches Führungsfeedback einstellen müsse. Nach anfänglichen Bedenken war er dazu bereit. Ich habe ihm aber auch zugesichert, ihn zu unterstützen, falls die große Kritiktirade über ihn hereinbrechen sollte. Nach mehreren vertrauensvollen Vorbereitungstelefonaten war unser Kontakt schließlich so stabil, dass er sich auf dieses Wagnis einlassen konnte. Und das wurde es schließlich auch für ihn: ein Wagnis.

Als im Workshop deutlich wurde, dass heute wirklich offene Meinungen gefragt seien, legten die Teilnehmer schnell ihre anfängliche Skepsis ab und nahmen kein Blatt vor den Mund. Ein Regionalleiter sagte ganz unverblümt und mit ungebremst-aggressivem Unterton: »Sie laden uns zwar offiziell zu einer offenen Kritik ein. Wenn allerdings jemand tatsächlich den Mut aufbringt, Ihnen zu widersprechen und Ihre Entscheidungen in Frage zu stellen, dann wollen Sie das gar nicht so genau wissen und stellen den Kollegen vor den anderen als inkompetent dar. Auf diese Bloßstellungen hat natürlich niemand Lust. Da dürfen Sie sich nicht wundern, wenn irgendwann keiner mehr den Mund aufmacht.«

Mein Job war es, diesen Angriff in ein konstruktives und wertschätzendes Feedback umzuformulieren, das zwar die Kritikpunkte klar benennt, aber den Stachel der anklagenden Du-Botschaft herausnimmt, sodass der Geschäftsführer das Feedback trotz der deutlichen Kritik annehmen konnte. Wer sich angegriffen fühlt, reagiert in den meisten Fällen mit Widerstand, versucht sich zu rechtfertigen oder seinerseits anzugreifen und hat keine Kapazitäten mehr frei, um zuzuhören und zu verstehen. Dann hätten zwar der Regionalleiter und die andern Teilnehmer vielleicht das Gefühl gehabt, ihrem Geschäftsführer mal so richtig die Meinung gesagt zu haben; aber geholfen hätte das letztlich nicht. So aber erhielt der Geschäftsführer eine wichtige, konstruktive Rückmeldung zu seinem Führungsstil, die er vermutlich nicht bekommen hätte, wenn es ein »Kommunikationstraining« nach seinen ursprünglichen Vorstellungen ohne ihn gegeben hätte. Am Ende der Veranstaltung war er trotz der unangenehmen Situation froh, dass er sich darauf eingelassen hatte. Er wusste vor allem die Offenheit der Teilnehmer zu schätzen. Und er bat seine Mitarbeiter ganz explizit darum, ihn zukünftig deutlich darauf hinzuweisen, falls sie sich durch seine Äußerungen oder sein Verhalten bloßgestellt fühlen sollten.

Aus meiner Erfahrung ist es fast nie so, dass Menschen im beruflichen Kontext erst lernen müssen, wie sie miteinander reden sollen. Stattdessen sind es entweder die unklaren persönlichen Standpunkte oder die äußeren Strukturen, die eine angemessene Kommunikation verhindern. Wenn aber innere und äußere Klarheit gegeben ist, sind die Beteiligten durchaus in der Lage, damit kraftvoll nach außen aufzutreten und sich konstruktiv auszutauschen. Allerdings ist es manchmal ein längerer, anstrengender Prozess, bis die unterschiedlichen Positionen tatsächlich eindeutig sortiert sind.

3. Wenn der Schein trügt: Psychotricks und ihre Nebenwirkungen

Darum geht es jetzt!
Warum logisch nicht unbedingt psycho-logisch bedeutet, wir uns oftmals wider besseres Wissen verhalten und was das alles mit Lust zu tun hat. Was der hohe Preis der Manipulation ist. – In einem kleinen Exkurs in die Welt der Magier werden spannende Parallelen zur Businesswelt und zu Psychotricks gezogen.

Nicht logisch, aber psycho-logisch: Ein kleiner Einblick in unsere Strickmuster

Eine wesentliche Triebfeder menschlichen Handelns liegt im Wunsch nach positiven Emotionen und einem förderlichen Selbstkonzept. Wir wollen uns gern gut fühlen und am liebsten mit uns selbst im Reinen sein. Negative Empfindungen wie Schmerz, Zweifel, Ablehnung, Misserfolg, ungelöste Probleme und unerfüllte Wünsche mögen wir nicht so gern. Deshalb tun wir sehr viel dafür, um positive emotionale Zustände zu erreichen oder beizubehalten. Das kann zuweilen bizarre Formen annehmen. In Goethes »Faust« dreht sich der ganze Deal mit dem Teufel nur um dieses eine Thema. Faust, der als Wissenschaftler und eloquenter Geist nach persönlicher Weiterentwicklung und tiefer gehenden Erkenntnissen sucht, stößt immer wieder an die Grenzen seines irdischen Daseins und der eigenen Unzulänglichkeit. Er hält diesen Zustand der Unzufriedenheit nicht länger aus und sucht deshalb nach neuen Lösungsansätzen. Schon bei seinem ersten Auftritt macht er seiner Enttäuschung Luft, indem er sagt (Faust I, 376–383):

»Es möchte kein Hund so länger leben!
Drum hab' ich mich der Magie ergeben,
Ob mir durch Geistes Kraft und Mund
Nicht manch Geheimnis würde kund;
Daß ich nicht mehr mit saurem Schweiß,
Zu sagen brauche, was ich nicht weiß;
Daß ich erkenne, was die Welt
Im Innersten zusammenhält«

Der Wunsch, diesen unbefriedigenden Zustand abzustellen, lässt ihn schließlich den Pakt mit dem Teufel schließen, indem er Mephistopheles seine Seele verkauft; so groß ist sein Leidensdruck.

Haben Sie Interesse an ein paar beispielhaften Absurditäten zum Handeln wider besseres Wissen? Dann werfen wir doch einmal einen Blick auf die Kernenergie, die seit den 1950er-Jahren im großen Stil für die Stromproduktion genutzt wird. Allerdings strahlt der radioaktive Abfall eines Kernkraftwerks auch noch nach Jahrzehnten sehr stark. Je nachdem, was man als ungefährlich einstuft, ist diese Strahlung erst nach einigen Tausend bis Hunderttausend Jahren abgeklungen. Das ist für mein Empfinden eine ziemlich lange Zeit. Also kommt der sicheren Endlagerung des Atommülls bis zu diesem Zeitpunkt doch eine wesentliche Bedeutung zu. Unter normalen Umständen hätte man ja nun erwartet, dass die Frage der Entsorgung geklärt worden wäre, bevor man damit begann, über den Bau von Atomkraftwerken nachzudenken. Nach meinen Recherchen gibt es aber bislang weltweit noch kein einziges Endlager für hoch radioaktiven Abfall. Das ist mit dem gesunden Menschenverstand nur schwer zu vereinbaren. Da wird auf eine Technologie gesetzt, von der man zum Zeitpunkt des Einsatzes noch in keiner Weise überschauen kann, wie man der strahlenden Zukunft Herr werden kann. Wenn wir noch einmal Herrn Goethe für eine Parallele bemühen wollen, dann geht es uns hier wie seinem Zauberlehrling, der die Geister, die er rief, nun nicht mehr loswird. Im

Falle der Atomenergie stellt sich ebenfalls die Frage, wer denn nun der Zaubermeister sein soll, der dem ganzen Spuk ein Ende macht und den radioaktiven Besen wieder in seine Ecke schickt. Es ist eigentlich nicht so richtig nachvollziehbar, warum wir mit manchen Dingen schon einmal beherzt loslegen, obwohl wir noch keine wirkliche Vorstellung davon haben, wie die Reise weitergehen soll. Zuweilen entsteht sogar der Eindruck, als würde eine kindlich-naive Zuversicht uns darin bestärken, dass sich am Ende dann doch noch alles auf wundersame Weise zum Guten wenden wird. Als würde es tatsächlich so etwas wie das rheinische Grundgesetz geben, nach dem es »noch immer gut gegangen« ist und das Ihnen gern als kölsches Mantra (»Et hätt noch emmer joot jejange!«) auch außerhalb von Köln in ähnlicher Form immer wieder begegnet. Aber das ist ja fast so, als wenn Sie bei einem Sprung aus dem Flugzeug erst im freien Fall überprüfen würden, ob Ihr Fallschirm auch mitgesprungen ist. Und sollten Sie tatsächlich feststellen, dass Sie sich gerade ohne Fallschirm mit rasantem Tempo der Erde nähern, können Sie sich immer noch bis kurz vor dem Aufprall damit trösten, dass bis hierhin ja alles gut gegangen ist.

Ich stelle mir beim Nachdenken über solche Zusammenhänge immer die Frage: Warum nur bestimmt unser Wissen (oder eben unser Nichtwissen) um die langfristigen Spätfolgen unseres Handelns dann nicht unsere Entscheidungen? Und:

 **Warum verhalten wir uns nicht anders, wenn wir es eigentlich besser wissen müssten? Das ist doch alles nicht logisch, oder? Nein, logisch ist es nicht, aber offensichtlich psycho-logisch.**

Die Sache mit der Lust

Sie kennen das: Die Dinge, die uns Freude bereiten, tun wir gern. Dafür braucht es nicht einmal einen besonderen Antrieb von außen. Die eigene Motivation reicht da vollkommen aus. Denken Sie doch einmal an etwas, das Sie mit Leidenschaft betreiben. Vielleicht eine Liebesbeziehung, ein Hobby, eine ehrenamtliche Tätigkeit oder – im günstigen Fall – vielleicht sogar Ihre Arbeit. Im Idealfall gibt es zwischen Arbeit und Vergnügen gar keinen Unterschied, weil beides zusammentrifft.

Wenn Ihnen eine Aufgabe oder ein Projekt wirklich wichtig ist, wenn es Ihnen sehr am Herzen liegt und Sie sich damit in hohem Maße identifizieren, dann werden Sie dort Ihre volle Energie hineinlegen. Die Zeit wird auf einmal zur Nebensache und es zählt nicht nur das Ergebnis, sondern auch der Weg dorthin ist bereits eine Vergnügungsreise. Nun ist das Leben aber ja bekanntlich kein Wunschkonzert, und das Berufsleben mit seinen vielfältigen Zwängen und Konventionen erst recht nicht. Da gibt es diverse Gelegenheiten und Situationen, in denen das eigene Vergnügen nicht gerade im Vordergrund steht. Das kann dann schon mal arg auf die eigene Motivation drücken.

Mit dieser Thematik hat sich, wie schon erwähnt, auch Sigmund Freud vor über hundert Jahren auseinandergesetzt und vom Lustprinzip sowie vom Realitätsprinzip gesprochen. Mit dem Lustprinzip verbindet er menschliche Bedürfnisse bzw. Triebe, die nach sofortiger Befriedigung streben. Freud hat hier den Begriff des »Es« geprägt und damit das Unbewusste der menschlichen Psyche bezeichnet (Freud 1909). Allerdings stößt der Wunsch nach sofortiger Bedürfnisbefriedigung oftmals an die Grenzen der gesellschaftlichen Konventionen. Selbst wenn Ihnen beim Einkaufen im Supermarkt ein geeigneter Sexualpartner über den Weg laufen sollte und Sie der sofortigen Bedürfnisbefriedigung in Form eines One-Night-Stands hinter der Käsetheke durchaus nicht abgeneigt wären, werden Sie unter normalen Umständen doch eher eine gewisse Zurückhaltung an den Tag legen.

> Bei Psychotricks wird oft ausgenutzt, dass wir Menschen unsere Wünsche und Bedürfnisse rasch befriedigt haben wollen und dabei die Realität aus den Augen verlieren.

Dem Lustprinzip steht daher das sogenannte Realitätsprinzip gegenüber, weil gerade in unserem gesellschaftlichen Miteinander nicht jeder Triebimpuls sofort befriedigt werden kann. Die Erkenntnis, dass spontan auftauchende Bedürfnisse nicht unmittelbar und jederzeit befriedigt werden können, ist das Ergebnis eines langwierigen Lernprozesses, der in der Kindheit seinen Anfang nimmt und selbst bei vielen Erwachsenen noch nicht abgeschlossen zu sein scheint. Hier geht es darum zu verstehen, dass es manchmal durchaus sinnvoll sein kann, den Wunsch nach einer Bedürfnisbefriedigung zunächst hinten anzustellen. Manchmal lassen sich angestrebte Ziele auch nicht auf dem direkten Weg erreichen, sondern bedürfen vielleicht sogar eines Umwegs über verschiedene Etappenziele. Oder, wie es in Bertolt Brechts »Leben des Galilei« heißt: »Angesichts von Hindernissen mag die kürzeste Linie zwischen zwei Punkten die krumme sein.« (Brecht, Band 5, S. 282)

Kennen Sie in Ihrem Freundeskreis vielleicht einen Raucher? Oder sind bzw. waren Sie vielleicht selbst einmal einer? Dann wissen Sie ja auch sicherlich, dass Raucher sehr genau um die Nachteile ihres Handelns wissen. Kaum ein Raucher, der nicht ganz genau darüber im Bilde ist, was er sich und seinem Köper da antut. Es hat sich inzwischen weiträumig herumgesprochen, dass Raucher früher sterben und ein höheres Risiko haben, Herz- und Kreislauferkrankungen oder Krebs zu bekommen. Das weiß doch jeder. Und dennoch rauchen viele Raucher beharrlich weiter – trotz dieses Wissens. Aber wie kann das sein? Eigentlich müsste doch jeder vernünftig denkende Mensch, der diese Realitäten nicht vollkommen ignoriert, angesichts dieser gravierenden Nachteile und offensichtlichen Gefahren sofort mit dem Rauchen aufhören.

Stattdessen wird aber vielfach unbeirrt weitergeraucht. Gelegentlich mit dem Argument, dass ja auch ein Kettenraucher wie Altkanzler Helmut Schmidt letztlich 96 Jahre alt geworden sei. Oder der Schauspieler Johannes Heesters sogar 108 Jahre. Wenngleich derartige Einzelfälle selbstverständlich überhaupt keine statistisch belegte Aussagekraft haben, könnte man diesem Argument auch entgegenhalten, dass die beiden, wenn sie denn nicht geraucht hätten, vielleicht ja sogar nie gestorben wären.

Beim Rauchen ist es wie mit vielen Dingen, die uns einen kurzfristigen und vermeintlichen Vorteil oder Lustgewinn verschaffen, uns aber langfristig eher schaden: Der Vorteil ist sofort zu spüren, der Nachteil liegt in weiter Ferne. Und oftmals ist ja auch keinesfalls erwiesen, dass der Worst Case im jeweiligen Einzelfall auch tatsächlich eintreten muss. Vielleicht kann man ja den Lustgewinn mitnehmen, ohne den hohen Preis am Ende dafür zahlen zu müssen.

 Sie sehen sicherlich auch in Ihrem eigenen Umfeld immer wieder, dass unser Handeln keineswegs immer nur von einer bestechenden Logik und Weitsicht geprägt ist. Oftmals handeln wir sogar wider besseres Wissen, nur weil es unserem kurzfristigen Wunschdenken und der aktuellen Bedürfnisbefriedigung entspricht.

Alles Hokuspokus: Was Führungskräfte von Houdini, Copperfield & Co. lernen können

Ein Exkurs in die Welt der Zauberer

Seit meiner Kindheit bin ich von der Zauberei fasziniert. Und auch noch heute baue ich mit großer Freude den einen oder anderen magischen Trick in meine Vorträge und Seminare ein. Meine Kunststücke wähle ich immer mit einem Bezug zur Businesswelt aus, indem ich die Themen mit Zaubertricks verbinde. Angefangen hat bei mir alles, wie wohl bei fast jedem Kind, mit einem Zauberkasten, den ich zum Geburtstag geschenkt bekam. Und weil der kleine Frank sich so für die Magie begeisterte, gab es dann zu Weihnachten und Ostern die nächsten Zauberkästen. Vielleicht lag es auch daran, dass meinen Familienmitgliedern nach meinen zahlreichen Vorführungen die Begeisterung für mein überschaubares Vier-Trick-Repertoire dann doch irgendwie ausging. Ich habe jedoch schnell gemerkt, dass diese Kinder-Zauberkästen immer nur einen oder zwei wirklich akzeptable Tricks beinhalteten – der Rest war entweder leicht zu durchschauen oder lieblos gefertigt. Oder zu langweilig oder viel zu kompliziert für ungeübte Kinderhände. So fing ich an, mich erstmals für die Tricks der wirklichen Magier zu interessieren und habe schon damals einen Großteil meines Taschengelds in professionelle Zaubertricks investiert.

Deshalb nehme ich Sie jetzt auch auf einen kurzen Exkurs in die Welt der Zauberer mit. Denn Zaubertricks bieten sich gut als Parallele zur Businesswelt an, da sie viel mit dem Thema Führung zu tun haben. Einerseits, weil es in der Welt der Magier um Illusionen und Manipulation geht, ohne dass jemand daraus einen Hehl machen würde. Andererseits, weil es auch bei magischen Tricks ein klares Ziel und einen vorher festgelegten Weg gibt, auf dem der Zuschauer mitgenommen werden soll. Der Vorführende ist eindeutig im Vorteil, weil er schon vorher weiß, was passieren wird. Er hat sich sein Vorgehen genau überlegt und den Trick im Idealfall vorher viele Male geübt. Er verfügt über Erfahrung, die dem Zuschauer fehlt. Und er besitzt Kenntnisse sowie entsprechende Hilfsmittel. Dennoch lautet ein wichtiges Prinzip für Zauberkünstler: Tricks werden nicht wiederholt. Warum? Weil beim zweiten Mal jeder weiß, worauf es hinausläuft und sich auf die Schlüsselstellen konzentriert. Der Überraschungsvorteil des Vorführenden ist dahin und der Zuschauer hat jetzt nur noch den Ehrgeiz, hinter das Geheimnis zu kommen. Damit steigen die Chancen ganz erheblich, den Trick zu durchschauen und damit die Illusion zu entzaubern. Das will natürlich kein Zauberer. Manchmal hat der Zuschauer, der bei einem Trick mitmacht, auch das Gefühl, sich frei zwischen verschiedenen Alternativen entscheiden zu können. Tatsächlich aber wird er auf das vorher festgelegte Ergebnis manipulativ hingelenkt.

Manche Psychotricks erinnern schon an ein Zauberkunststück.

Zaubertricks leben also von der Illusion und davon, dass möglichst niemand hinter das Geheimnis kommt. Selbst wenn vollkommen klar ist, dass es dabei einen Trick geben muss, bleibt das große Fragezeichen: »Unglaublich! Wie hat er das gemacht?« Wenn das Trickgeheimnis aber entdeckt wird, bricht die Bewunderung für den Künstler sofort zusammen und weicht der Geringschätzung und Enttäuschung: »Ach, *so* einfach ist das? Na, wenn man das *so* macht, ist das ja nichts Besonderes mehr.« Vielleicht erinnern Sie sich noch an Uri Geller, der Mitte der 1970er-Jahre vor einem breiten Fernsehpublikum auftrat und Löffel sowie Gabeln verbog. Geller behauptete, dies tatsächlich durch seine übernatürlichen Kräfte und telekinetischen Fähigkeiten bewirkt zu haben. Vollkommener Humbug, wie sich später herausstellte, denn die Utensilien waren vorher manipuliert worden. Geller wurde als simpler Zauberkünstler entlarvt und aufgrund der Täuschung des Publikums sogar von vielen als Scharlatan betrachtet. Heutzutage geben viele Magier ganz unumwunden zu, dass alles, was sie tun, nur eine Illusion ist, und fordern das Publikum explizit dazu auf, hinter den Trick zu kommen.

Was können nun aber Führungskräfte von professionellen Tricksern wie Houdini, Copperfield & Co. lernen? Im Wesentlichen zweierlei: Einerseits können sie im positiven Sinne eine Parallele zu ihren Kernkompetenzen und Hauptaufgaben ziehen, denn wie bei guten Zauberkunststücken bedarf eine gute Führung der umfangreichen Vorbereitung und sollte mit Erfahrung und klaren Zielen verbunden sein. Hilfreiche Führung macht klare Vorgaben und nimmt Mitarbeiter an die Hand, wenn es erforderlich ist. Und weil hier der Teufel oftmals im Detail steckt, tun auch Führungskräfte gut daran, ihre Hausaufgaben zu machen, sich umfassend vorzubereiten und möglichst wenig dem Zufall zu überlassen.

 **Außerdem wird an diesem kleinen Exkurs in die Welt der Magier deutlich, warum Führungskräfte auf den Einsatz von Psychotricks verzichten sollten.**

Im realen Berufsleben geht es ja meistens nicht darum, eine Performance mit Unterhaltungswert vorzuführen – außer Sie sind Zauberkünstler. Im Berufsleben hinterlässt ein Manipulationsversuch beim Gegenüber jedoch sehr schnell das Gefühl, hereingelegt worden zu sein. Der vermeintliche Vorteil wird dem Anwender missgönnt. Das hat mit dem Vergnügen einer Zaubertrickvorführung nichts mehr zu tun. Für den kurzen Moment wird zwar eine Illusion erzeugt, die im Idealfall vielleicht sogar ihr Ziel erreicht und damit zunächst die gewünschte Wirkung erzielt. Langfristig lässt sich der erschlichene Erfolg aber beim selben Mitarbeiter ebenso wenig wie beim selben Publikum reproduzieren. Vollkommen gleichgültig, wie ausgefeilt der Trick auch sein mag: Er ist und bleibt eine Illusion. Und Illusionen sind in der Realität nun einmal nicht dazu geeignet, eine dauerhafte, stabile Beziehung zu etablieren. Auf die Täuschung folgt die Ent-Täuschung. Diese ist vorprogrammiert, und es ist nur eine Frage der Zeit, bis das Opfer dem Täter auf die Schliche kommt. Dabei spielt es auch gar keine Rolle, ob es sich um die Beziehung zu unserem Mitarbeiter, Chef, Lebenspartner oder Kunden handelt.

Der hohe Preis der Manipulation

Weil wir gerade so nett mit den Zaubertricks unterwegs waren, fällt mir eine weitere Episode aus meiner Kindheit ein, in die wir nun kurz zurückkreisen: Ende der 1960er-Jahre gibt es bei uns Zu Hause einen einfachen Schwarz-Weiß-Fernseher und drei Programme. Der ist fast so groß wie unser Kühlschrank und braucht nach dem Einschalten aufgrund seiner vorsintflutlichen Röhrentechnik noch etwa drei Minuten Vorglühzeit, bis das Bild mit einem Knistern auf der Mattscheibe aufflackert. Und es gibt wohl auch schon den Begriff der Fernbedienung, denn eine Bedienung dieses Geräts vom Sessel aus liegt noch in weiter Ferne. Da muss man schon aufstehen und direkt am Gerät einen der fünf Knöpfe drücken. Meine Eltern leisten sich eine Fernsehzeitschrift, in der sich der kleine Frank gern die bunten Bilder zu den kommenden Filmen anschaut. Aber der kleine Frank kennt die Uhr mit dem großen und dem kleinen Zeiger noch nicht so richtig. Und deshalb weiß er auch erst recht nicht, was sich hinter den kryptischen Zahlen verbirgt, die die Anfangszeiten der Fernsehsendungen verkünden. 13:30, 16:45 oder 20:00 (»zwanzig-nullnull«). Relativ schnell wird nun aber selbst dem kleinen Frank klar, dass die wirklich interessanten Sendungen auffallend häufig um zwanzig-nullnull gesendet werden. Spannend, spannend. Wenn der kleine Frank doch nur wüsste, ob zwanzig-nullnull noch eine Uhrzeit ist, zu der kleine Kinder noch fernschauen dürfen. Und an welche unerschöpfliche Quelle der Weisheit wendet man sich im zarten Kindesalter mit einem so quälenden Informationsdefizit? Na sicher doch: an Mama. Mama kennt nicht nur die Uhr schon ganz genau, sondern sie kann unter günstigen Voraussetzungen auch eine Zuschau-Erlaubnis erteilen. Und was bekommt der kleine Frank zu hören, wenn er danach fragt, ob er den Cowboy-Film um zwanzig-nullnull noch anschauen darf? Dann sagt Mama: »Das ist *so* spät, kleiner Frank, das schauen sich sogar Mama und Papa nicht mehr an.« Aha, zwanzig-nullnull ist also offenbar mitten in der Nacht. Ganz, ganz spät, wenn auch von den Großen keiner mehr wach ist.

Lange habe ich in dem Bewusstsein gelebt, dass zwanzig-nullnull eine fremde Zeitgalaxie sein muss ist, in der nur ganz verwegene Gestalten noch vor dem Fernseher sitzen, und ich habe mich damit getröstet, dass auch Mama und Papa so spät nicht mehr wach sind. Und dann passiert es. Eines Abends. Der kleine Frank wird durch irgendetwas aus dem Schlaf geweckt und schlurft schlaftrunken ins elterliche Wohnzimmer. Und was muss er da vollkommen überrascht feststellen? Da ist doch tatsächlich die große Fernseh-Party im vollen Gange. Kerzenschimmer, Mama und Papa, Chips, Wein, Gelächter – und der Film von zwanzig-nullnull …

Der elterliche Schwindel flog auf und meine Enttäuschung war riesengroß. Zum einen über die vielen Sendungen, die ich bis dahin verpasst hatte, während meine Eltern sich schamlos und unentdeckt vor dem Fernseher vergnügt hatten. Viel schwerer aber wog der Vertrauensverlust, der für mich mit dieser Entdeckung einherging. Ich habe mich regelrecht betrogen gefühlt. Und das von den Personen, die mir am nächsten standen und denen ich am meisten vertraute. Ich hätte sicher viel besser damit leben können, wenn man mir klar gesagt hätte, dass es eine Zeit gibt, zu der Kinder ins Bett gehören, während Erwachsene Filme anschauen, die für Erwachsene gemacht sind. Und die zu einer Uhrzeit laufen, zu der auch andere Kinder bereits schlafen. Das wäre klar, unmissverständlich und vor allem ehrlich gewesen, weil es der Wahrheit bzw. der Realität entsprochen hätte.

> Die ersten Erfahrungen mit Psychotricks sammeln wir bereits in der Kindheit, wenn wir zum Beispiel mit Manipulationen konfrontiert werden.

Gut, ich habe von dieser Episode elterlicher Flunkerei wohl keinen, zumindest keinen bleibenden Schaden davongetragen und bin auch später nicht aufgrund meiner unglücklichen Fernseh-Kindheit zum TV-Junkie geworden. Vielmehr habe ich vor vielen Jahren meinen Fernseher sogar verkauft und lebe heute sehr gut ohne Fernsehprogramm. Ich habe also den Abschied vom allabendlichen »Daumen-breit-Zappen« und dem »Für-dumm-verkauft-Werden« durch sinnfreie Werbung für unnötige Produkte als enormen Zugewinn an Lebenszeit und -qualität erlebt. Dennoch zeigt allein der Umstand, dass ich diese Begebenheit aus meiner Kindheit sogar hier niederschreibe, wie eindrücklich sie in meiner Erinnerung geblieben ist.

Bestimmt kennen Sie ähnliche Geschichten aus Ihrer eigenen Erinnerung. Genau genommen sind dies unsere ersten eigenen Erfahrungen mit Psychotricks, weil wir schon im zarten Kindesalter durch unsere

Eltern manipuliert wurden. Manchmal erzählt man uns mit voller Absicht Dinge, die überhaupt nicht stimmen, nur um uns ruhig zu stellen oder um die eigenen Interessen durchzusetzen. Die harmlose Variante der Traumgestalten ist da noch der Osterhase, während Knecht Ruprecht mit der Rute schon gelegentlich zur Unterstützung elterlicher Autorität herangezogen wird (»Wenn du nicht brav bist, dann kommt der mit der Rute ...«). Da werden Horrorszenarien von finsteren Gestalten kreiert, um uns zu gegebener Zeit möglichst ohne große Widerrede auf Spur zu bringen oder dort zu halten. Auf die Spitze getrieben wird dies etwa im Ostalpenraum und in Österreich. Das Pendant zum Knecht Ruprecht ist dort der »Krampus«; er begleitet alljährlich Anfang Dezember den Heiligen Nikolaus auf seiner Tour durch die Städte und Dörfer. Während die Lichtgestalt des Heiligen Nikolaus die braven Kinder beschenkt, ist der Krampus ein finsterer Geselle und für deren Bestrafung zuständig. Und wer schon einmal bei einem der zahlreichen Krampus-Umzüge dabei sein durfte – oder dabei sein musste –, fühlt sich in den finsteren Teil der »Herr der Ringe«-Trilogie versetzt, wenn eine Horde wild gewordener Krampusse in Fellkostümen mit großen Glocken und rasselnden Ketten behängt durch sie Straßen berserkert.

Zugegeben, wir sind inzwischen aus dem Alter raus, in dem man uns mit fragwürdigen Schauergeschichten oder Flunkereien bei der Stange halten konnte. Wenn wir ehrlich sind, hat das auch schon im Kindesalter nur kurz funktioniert. Denn wenn der Schwindel erst einmal aufgeflogen war, waren wir augenblicklich für immer aus dem Paradies der Gutgläubigkeit vertrieben. Dennoch begegnen wir auch in unserer heutigen Erwachsenenwelt immer wieder den Manipulationsversuchen unseres Umfelds.

 In den allermeisten Fällen wiegt der kurzfristige vermeintliche Erfolg, den wir uns durch den Manipulationsversuch erkaufen, den damit einhergehenden späteren Vertrauensverlust nicht auf. Und in vielen Fällen gilt: Einmal enttäuscht – für immer verloren.

Doch der Bumerang kommt zurück, denn der Einsatz von Psychotricks hat seinen Preis. Wer sich als Mitarbeiter von seinem Chef über den Tisch gezogen, ausgenutzt oder manipuliert fühlt, ist in der Regel nicht begeistert oder von großer Dankbarkeit erfüllt. Ganz im Gegenteil.

Der Management- und Unternehmensberater Reinhard K. Sprenger bringt es auf den Punkt, wenn er sagt: »Menschen kommen zu Unternehmen, aber sie verlassen Vorgesetzte.« (Sprenger 2012, S. 122). Wir werden noch näher betrachten, mit welchen Sturmschäden und Nebenwirkungen Sie bei der Anwendung von Psychotricks rechnen müssen, denn es gibt eine Vielzahl von denkbaren Reaktionen, die in ihren Auswirkungen alle nicht besonders attraktiv für Führungskräfte bzw. Unternehmen sind.

4. Wie der Wind sich dreht: Führung im zeitlichen Wandel

Darum geht es jetzt!

Welche neuen Anforderungen sich an Unternehmen und Führungskräfte von heute stellen. Warum früher einiges leichter war – aber
nicht alles. Welche Ziele mit einer erfolgreichen Führung erreicht
werden sollen.

Was Unternehmen wollen

In der freien Marktwirtschaft und im beruflichen Miteinander lassen
sich bestimmte Grundkonflikte leider nicht vermeiden. Die Ausgangs-
situation führt zu einem Dilemma, das letztlich nicht aufzulösen ist,
sondern lediglich immer wieder neu in Balance gebracht werden kann.
Das Ziel von unternehmerischen Anstrengungen besteht letztlich darin, einen Nutzen für Kunden zu liefern und damit Gewinne zu erzielen. Selbst Unternehmungen, die vorrangig nicht profitorientiert sind,
sondern vor allem andere, ideelle Ziele verfolgen – wie etwa politische
Parteien, das Deutsche Rote Kreuz, Greenpeace, Caritas –, erzeugen
durch ihr Handeln Kosten, die erst einmal erwirtschaftet werden
müssen. Ob es sich dabei um Spenden, Subventionen oder Mitglieds-
beiträge handelt, ist für das Grundprinzip unerheblich. Dafür gilt es,
Ressourcen sinnvoll und effizient einzusetzen und sich gegenüber dem
Wettbewerb in der Gunst des Verbrauchers durchzusetzen. Einfach

gesagt, wollen Unternehmen mit minimalem Einsatz einen maximalen Ertrag erzielen. In der profitorientierten Lösung eines Kundenproblems besteht die eigentliche Daseinsberechtigung von Unternehmen.

Unternehmerische Gewinne lassen sich von Ihnen allerdings nur dann erwirtschaften, wenn Sie mit der eigenen Geschäftsidee auch genügend Kunden ansprechen und von sich überzeugen können. Leider gibt es aber auch die unliebsamen Mitbewerber auf dem großen Markt der Möglichkeiten, die sich der gleichen oder einer ähnlichen Geschäftsidee verschrieben haben. Ihre Konkurrenz ist in derselben Branche unterwegs und möchte ebenfalls gern ein Stück vom großen Kuchen für sich und ihre Mitarbeiter erobern. Selbst wenn es Ihnen gelingen sollte, mit einer neuen Geschäftsidee, einem neuen Produkt oder einer innovativen Dienstleistung auf den Markt zu kommen, werden Sie als Vorreiter der Idee in aller Regel maximal sechs Monate von ihrer Position profitieren können. Dann haben Ihre Wettbewerber Ihre Idee bzw. Ihr Produkt übernommen, kopiert oder sogar verbessert. Spätestens dann müssen Sie mit einer neuen Idee herauskommen, um weiterhin die Poleposition zu behalten. Das kann mühsam sein. Schließlich bedeutet es, immer wieder nach neuen Ideen zu suchen, Altes und Bewährtes infrage zu stellen und hohe Risiken einzugehen. Sie wissen ja vorher nie, ob der gewagte nächste Schritt auch wirklich in die richtige Richtung geht. Dort, wo Neuland betreten wird, gibt es eben noch keine eingetretenen Pfade. Sie können kaum auf Erfahrungswerte zurückgreifen, sondern bewegen sich auf dem weiten Feld der Visionen und Prognosen.

Besonders deutlich lässt sich dies am Beispiel der Automobilindustrie nachvollziehen. Es dauert in der Regel fünf bis sechs Jahre, ein neues Modell bis zur Serienreife zu entwickeln. Das bedeutet, dass die Fahrzeuge, die heute auf den Markt kommen, schon vor langer Zeit in den Geheimlaboratorien der Autohersteller im Computer entstanden sind. Bis das Modell vom Band rollt und verkauft werden kann, ist es allerdings noch ein weiter Weg. Sämtliche Bauteile müssen zunächst einmal gefertigt werden, was auch bedeutet, Zulieferbetriebe einzubinden, Produktionsstraßen zu entwickeln und Fertigungsroboter zu bauen. Teure Crash-Tests müssen durchgeführt und hohe Summen in das Marketing investiert werden. Wenn das Auto dann die besagten fünf bis sechs Jahre später vom Band läuft, können Sie als Hersteller am Ende nur darauf hoffen, dass es auch tatsächlich von Ihren Kunden gekauft und hinreichende Absatzzahlen erreichen wird. Sonst war alles vergebene Liebesmüh.

Das birgt viele Risiken und Unwägbarkeiten, weil Sie am Anfang ja noch nicht wissen können, ob das Design Ihres Autos den dann vorherrschenden Zeitgeschmack trifft oder ob die Technik nicht vielleicht schon eine andere Entwicklung, wie zum Beispiel in Richtung Elektromobilität oder autonomes Fahren, genommen haben wird. Außerdem wissen Sie nicht, ob Ihre Wettbewerber, die natürlich auch nicht untätig waren und genauso wie Sie an der Entwicklung neuer Modelle gearbeitet haben, ein halbes Jahr früher ein gleichartiges oder sogar besseres Modell herausbringen werden. Dann laufen Ihnen vielleicht kurz vor der großen Produktpremiere die Kunden weg. Selbst wenn es Ihnen gelingen sollte, bei der Markteinführung die Nase vorn zu haben und tatsächlich den ersten großen Wurf zu landen, müssen Sie befürchten, dass andere Hersteller, zum Beispiel in Asien, Ihre Technologie stante pede abkupfern und schon bald ein vergleichbares Fahrzeug zu einem wesentlich günstigeren Preis anbieten werden. Die Nachahmer sind Ihnen gegenüber dann sogar noch im Vorteil, weil sie vielleicht geringere Personalkosten haben und Ihre Technologie einfach nur noch nachbauen müssen. Damit entfallen auch die langjährigen Entwicklungskosten, die Ihre Wettbewerber ebenfalls nicht mehr über den Verkaufspreis hereinholen müssen.

Je langfristiger Sie für die Entwicklung und Herstellung Ihrer Produkte oder Dienstleistungen brauchen, umso höher ist das Risiko, mit den vielen notwendigen Vorannahmen und Entscheidungen danebenzuliegen.

 **Deshalb ist es von unschätzbarem Wert, wenn Ihr Unternehmen bei den Kunden ein derart hohes Ansehen hat, dass man Ihnen fast alles abkauft, was Sie herstellen, nur weil es aus Ihrem Hause kommt.**

Wenn es Ihnen gelingt, solch ein positives Image aufzubauen, haben Sie einen immensen Wettbewerbsvorteil, den Ihnen auch ein anderes Unternehmen mit einem besseren oder preiswerteren Produkt nicht so schnell abspenstig machen kann.

Führung will Ziele erreichen

Es liegt in der Natur der Sache, dass sich Führung zwangsläufig an Unternehmenszielen orientieren muss. Deshalb stellen sich in diesem Zusammenhang auch immer dieselben Fragen: Wohin soll Führung eigentlich führen? Welche konkreten Ziele sollen durch Führung erreicht werden? Wie kommen Sie mit Ihren Mitarbeitern letztendlich dahin? Und: Wann ist Führung eigentlich überhaupt erforderlich?

Vielleicht ist Ihnen ja auch der maritime Sinnspruch geläufig »Auf jedem Schiff, das dampft und segelt, gibt's einen, der die Sache regelt«? Selbstverständlich ist hier vom Kapitän die Rede, der als Führungskraft für alles die Verantwortung trägt und der für diese Aufgabe mit umfassenden disziplinarischen Machtbefugnissen ausgestattet ist. Mir kommt in diesem Zusammenhang eine Karikatur in den Sinn, die ich irgendwann einmal in einer Tageszeitung gesehen habe: Zwei Matrosen stehen rechts und links am Steuerruder eines Schiffes, das direkt auf einen Eisberg zusteuert. Der eine Matrose möchte das Schiff nach rechts lenken, während der andere links am Eisberg vorbeifahren will. Jeder von ihnen versucht, mit höchster Anstrengung gegen den Druck des anderen das Ruder herumzureißen. Das gelingt aber offensichtlich keinem von beiden. Und so stehen sie denn beide mit hochrotem Kopf und äußerster Kraftanstrengung am Steuer, ohne eine Kursänderung zu bewirken. Und während das Schiff weiterhin geradeaus fährt und die direkte Kollision mit dem Eisberg droht, steht unter der Karikatur: »Wann ist eigentlich Führung erforderlich?«

An diesem Beispiel wird deutlich, warum es auch in flachen Hierarchien und bei aller wertschätzenden Führung dennoch jemanden geben muss, der »den Hut aufhat«.

 **Eine Führungspersönlichkeit in einer hierarchisch übergeordneten Position ist für ein Unternehmen immer dann unverzichtbar, wenn Basisdemokratie in die Katastrophe führen würde.**

Oftmals müssen in Unternehmen einfach auch schnelle Entscheidungen her. Da würde es schlicht viel zu lange dauern, alle Argumente immer wieder gegeneinander abzuwägen, um schließlich dann doch zu keiner Lösung zu kommen, mit der alle Beteiligten einverstanden sind. Denken Sie nur an die zahlreichen Meetings, in denen endlos debattiert wird, ohne dass ein Beschluss gefasst würde. Der rettende Kunstgriff der Ratlosigkeit ist dann häufig, die Entscheidung zunächst auf einen späteren Termin zu vertagen oder in einem letzten Akt der Verzweiflung einen Arbeitskreis zu gründen, der sich dann weiter mit dem Thema befassen wird. So ist die Angelegenheit erst einmal vom Tisch, was eine kurzfristige Erleichterung verschafft; geklärt und entschieden ist damit aber noch lange nichts.

In Abstimmungsprozessen gibt es ja immer Bedenkenträger, die aus ihrer subjektiven Sicht gute Argumente gegen ein bestimmtes Projekt oder einen Beschluss haben. Ihre Aufgabe als Führungskraft ist es ja auch nicht, solange zu diskutieren, bis alle zufrieden sind. Vielmehr ist es wichtig, alle Argumente zu kennen, die Pros und Contras verstanden zu haben und dann zu einer Entscheidung zu gelangen. Dabei ist es vielfach sogar besser, eine Entscheidung, die sich nachträglich als falsch herausstellt, zu treffen als gar keine. Bei fehlerhaften Entscheidungen können Sie zumindest hinterher sehen, was schiefgelaufen ist und dementsprechend korrigieren. Das ist allemal sinnvoller, als endlos zu zögern. Handlungsunfähigkeit führt auch zwangsläufig dazu, dass sich zwar manche Probleme von allein lösen, Sie dann jedoch keinen wirklichen Einfluss auf die Lösung haben. Sie sind dann so wie ein Schiff ohne Segel oder Motor nur noch den Launen des Wetters und der Wellen ausgesetzt. Ihr Schiff nimmt einen eigenen Kurs, den Sie nicht mehr mitbestimmen. Zugegeben, es wird vielleicht nicht gleich untergehen und auch nicht gleich auf ein Riff laufen. Vielleicht kommt es sogar irgendwann irgendwo an. Dies wäre dann aber dem Zufall überlassen und nicht mehr das Ergebnis Ihrer Kontrolle.

Im hektischen Führungsalltag, in dem die aktuellen Events und kurzfristigen Entscheidungen des Tagesgeschäfts oftmals im Vordergrund stehen, ist der Blick auf die langfristigen Ziele mitunter verstellt. Gerade dann ist es jedoch wichtig, dass Sie auf Ihrer Kommandobrücke den Überblick behalten und auch die übergeordnete Perspektive nicht aus den Augen verlieren. Zudem müssen Sie immer wieder auch unattraktive Entscheidungen treffen und durchsetzen. Dies kann beispielsweise bedeuten, sich einmal von unproduktiven Geschäftszweigen oder Mitarbeitern trennen zu müssen, um die Wettbewerbsfähigkeit des Gesamtunternehmens langfristig zu erhalten. Sie brauchen jetzt kein Psychologe zu sein, um vorherzusehen, dass Sie sich mit dieser Entscheidung nicht unbedingt bei allen Ihren Mitarbeitern beliebt machen. Insbesondere diejenigen, die persönlich von Ihrer Entscheidung betroffen sind, die unliebsame Veränderungen zu befürchten haben oder möglicherweise sogar ihren Arbeitsplatz verlieren werden, können voraussichtlich wenig Verständnis für Ihre Entscheidung aufbringen. Sie müssen dann sogar damit rechnen, dass es den Betroffenen nicht immer gelingen wird, Ihre Position und Ihre Person auseinanderzuhalten. Wenn Ihre Entscheidungen den Mitarbeiter ganz persönlich betreffen, wird er das dann auch persönlich nehmen. Umso wichtiger ist es dann, dass Sie bei schwierigen oder unangenehmen Entscheidungen versuchen, Ihren Mitarbeitern gegenüber auch Ihre persönliche Betroffenheit zu kommunizieren. Vielleicht gelingt es Ihnen ja zu vermitteln, dass es Ihnen selbst nicht leichtfällt und Sie die Konsequenzen Ihrer Entscheidung vielleicht sogar bedauern, während Sie in der Sache durchaus die erforderliche Stringenz und notwendige Kompromisslosigkeit an den Tag legen müssen.

War früher etwa alles einfacher?

Wenn Sie ein wenig in meiner Vita gelesen haben, dann wissen Sie vielleicht, dass ich in meinem ersten Leben als Fahrschulunternehmer und Fahrlehrer tätig war. Es gefiel mir in diesem Berufsfeld zwar sehr, mit Menschen zu arbeiten, deren Lernfortschritt zu beobachten und auch nach bestandener Führerscheinprüfung den direkten Erfolg meiner Arbeit mitzuerleben. Allerdings störte mich das hierarchische Gefälle zwischen dem Lehrer und dem Schüler immer mehr. Ich habe das Ungleichgewicht hinsichtlich der Erfahrung sowie die Machtposition auf der Fahrlehrerseite und die Unkenntnis und Unsicherheit auf der Seite des Fahrschülers eher als Hindernis empfunden.

Schon damals interessierten mich das zwischenmenschliche Miteinander, die Kommunikation im beruflichen Kontext und der Erfahrungsaustausch auf Augenhöhe mehr, als den Menschen »nur« das Autofahren beizubringen. So kam es, dass ich weiter in die Verkehrssicherheitsarbeit einstieg und neben meiner Fahrlehrertätigkeit anfing, als Moderator und Trainer zu arbeiten. Darüber hinaus hatte ich begonnen, erste Erfahrungen als Seminarleiter für Pkw- und Motor-radsicherheitstrainings zu sammeln.

Und plötzlich ging für mich eine Tür auf. Ich kam mit Menschen zusammen, die ihren Führerschein in meinem Geburtsjahr oder noch früher gemacht hatten und schon über mehrere Millionen Kilometer Fahrerfahrung verfügten. Eine hervorragende Voraussetzung, um sich auf Augenhöhe zu treffen und auf dem Erfahrungsschatz der Teilnehmer aufzubauen. Hier ging es darum, zu moderieren, zuzuhören, zusammenzufassen und unterschiedliche Meinungen gelten zu lassen. Hier fand lebendiges Lernen statt. Miteinander und voreinander. Welch ein Erlebnis. Mit dem Rückenwind dieser neuen Erfahrung kam schnell der nächste Schritt: Wie wäre es, mich noch weiter zu qualifizieren und wirklich tief in diese Materie einzusteigen? Vielleicht noch einmal zu studieren? Aber dabei nicht alles auf Anfang zu setzen, sondern auf den bisherigen Erfahrungen aufzubauen und damit etwas Neues entstehen zu lassen. Die Idee war geboren, Psychologie zu studieren. Durch das Studium wollte ich hier noch einmal intensiv in diese neue Materie einsteigen und die Grundlagen für meine spätere Tätigkeit als freiberuflicher Trainer und Kommunikationspsychologe legen.

Das war keine leichte Entscheidung. Ich habe mich aber dann doch auf das Wagnis eingelassen und es letztlich bis zum heutigen Tag keine Sekunde bereut. Vielmehr habe ich es als großes Privileg empfunden, mich noch einmal eindringlich mit einer völlig neuen Materie auseinanderzusetzen, ohne immer wieder fragen zu müssen, wofür diese Theorie oder jenes Experiment denn nun in der Praxis gut sein soll. Auch in meiner späteren Tätigkeit als Vortragsredner, Business Coach oder Seminarleiter habe ich viele Menschen kennenlernen dürfen, die ähnliche Erfahrungen gemacht haben und deren Berufsweg alles andere als gradlinig verlaufen ist.

Das ist auch nicht wirklich verwunderlich, denn der Wandel der beruflichen Zusammenhänge betrifft ja auch andere Disziplinen. Wer sich früher bei der Berufswahl dazu entschieden hatte, zum Beispiel ein Handwerk zu erlernen, ging in eine Lehre, und der Ablauf war dann von Anfang an klar. Es gab drei Lehrjahre, die selbstverständlich keine Herrenjahre waren, und in denen man die Grundlagen für den späteren Beruf vermittelt bekam. Meistens schloss die Lehre mit der

Gesellenprüfung ab, und wenn alles gut lief, wurde man schließlich vom Ausbildungsbetrieb übernommen. Wer wollte, konnte sich dann noch hocharbeiten und seinen Meister machen. Und wer das nicht wollte, blieb eben Zeit seines Berufslebens Geselle. Das Wissen, das man sich zu Beginn seiner Ausbildung und während der Arbeit aneignete, reichte oftmals für ein gesamtes Berufsleben aus. An dessen Ende konnte man dann irgendwann in Rente gehen und seinen wohlverdienten Lebensabend genießen. Zugegeben, ich habe die Zusammenhänge vielleicht etwas holzschnittartig verkürzt – aber:

 In vielen Fällen werden Sie auch in Ihrem Umfeld Menschen kennen, die auf ein derart gradliniges Berufsleben ohne große Veränderungen zurückblicken.

Aktuelle Anforderungen an Führungskräfte

In der Vergangenheit waren viele Unternehmen und Betriebe stark hierarchisch organisiert. Meist gab es einen Chef, der sich mit allem auskannte, weil er in diesem Betrieb schon eine gefühlte Ewigkeit arbeitete und dort alles von der Pike auf gelernt hatte. Der damalige Chef kannte alles und jeden und verkörperte disziplinarische Macht und Sachkompetenz zugleich. Er kontrollierte alles und war nicht unbedingt darauf angewiesen, sich auf die Kompetenzen seiner Arbeiter verlassen zu müssen, denn im Zweifelsfall konnte er auch alles allein erledigen. Er wusste nicht nur alles, sondern meistens auch noch alles besser. Und von Zeit zu Zeit ließ er das dann auch durchblicken (»Wenn man nicht alles selber macht …«). Es gab zahlreiche von Inhabern geführte Familienbetriebe, die auf eine lange Tradition zurückblicken konnten und die vom Vater zum Sohn weiter vererbt wurden. In diesen Betrieben ging es oftmals darum, die bewährten Strukturen zu bewahren und allzu viel Wandel zu vermeiden. Da hatte jeder seinen Platz und wusste, was er zu tun oder zu lassen hatte und was von ihm erwartet wurde.

Was die Menschen in den früheren Führungspositionen anbelangte, so reichte es mitunter vollkommen aus, einfach lange genug dabei zu sein. Derjenige, der am längsten im Betrieb war, verfügte aufgrund seiner konkurrenzlosen Erfahrungsfülle und seines einschlägigen Insiderwissens über die höchste Kompetenz. Dann brauchte man sich nur noch fachlich gut auszukennen, um sich dauerhaft für eine Führungsposition zu qualifizieren und sich anschließend auf diesen Lorbeeren entspannt ausruhen zu können. Mit genügender Beharrlichkeit spülte einen das System schon irgendwann nach oben.

 **Mittlerweile sind unternehmerische Zusammenhänge und Führungsaufgaben jedoch so komplex geworden, dass kein Einzelner allein mehr alles gleich gut kann.**

Es reicht längst nicht mehr aus, sein Handwerk gut gelernt zu haben, weil sich die Welt in einem rasanten Wandel befindet. Mitunter wissen Sie zu Beginn Ihrer Berufsausbildung noch nicht einmal, ob es Ihr angestrebtes Berufsfeld in der ursprünglichen Form am Ende Ihrer Lehrzeit noch geben wird. Und selbst wenn Sie verhältnismäßig geschmeidig in ein anschließendes Arbeitsverhältnis finden sollten, werden sich das Wissen, die Technologien, die Märkte, die Anforderungen und die Ansprüche in der Zwischenzeit mehr oder weniger gravierend verändert haben. Die Schlagworte »Lebenslanges Lernen« und »Globalisierung« sind in den letzten Jahren immer weiter in den Vordergrund gerückt und lassen erahnen, dass das Ende der Fahnenstange noch lange nicht erreicht ist.

Diese veränderte Situation stellt auch ganz neue, andere Anforderungen an Führungskräfte und Unternehmer. Je weiter oben Sie in der Hierarchie eines Unternehmens angesiedelt sind, desto weniger detaillierte Sachkompetenz ist für Ihren Erfolg erforderlich. Vielmehr benötigen Sie ein besonders hohes Maß an sozialer Kompetenz im Kontakt mit Ihren Mitarbeitern. Fähigkeiten wie etwa die Zuhörkompetenz entscheiden mehr denn je darüber, ob es Ihnen gelingt, das große Ganze im Blick zu behalten. Die richtigen Entscheidungen zu treffen ist angesichts der aktuellen Komplexität und des permanenten Wandels nur noch im engen Kontakt mit Ihren Mitarbeitern und Kollegen möglich. Diese Kompetenzen werden Ihnen aber in der Regel nicht in der Ausbildung vermittelt. Es wird eher stillschweigend vorausgesetzt, dass Sie diese Fähigkeiten schon irgendwie mitbringen oder sich zumindest schnell aneignen. Deshalb lesen sich Stellenausschreibungen für Führungskräfte auch oftmals wie die Charakterbeschreibung eines Superhelden. Teamfähig, aber mit Charisma. Durchsetzungsstark, aber bitte mit Diplomatie. Souverän in Krisensituationen, aber fair zu den Mitarbeitern. Kundenorientiert, aber effizient. Innovativ, aber dennoch traditionsbewusst. Es entsteht zuweilen der Eindruck, dass es sich hier um einen Titanen handelt, der sämtliche Superkräfte auf sich vereint und darüber hinaus bereit ist, diese selbstlos-altruistisch in den Dienst der guten Sache zu stellen. Das hat aber oft mit den gelegentlichen normalen menschlichen Unzulänglichkeiten und der Alltagsrealität kaum noch etwas zu tun. Und es führt zunehmend zu einem Spannungsfeld zwischen Ideal und Wirklichkeit, in dem sich heutzutage immer mehr Führungskräfte befinden. Auf der einen Seite geht es darum, dem unangemessen überhöhten Idealbild und den daraus resultierenden überzogenen Erwartungen zu entsprechen. Auf der anderen Seite steht der Einzelne in der Realität mit seinen persönlichen Schwächen und Unsicherheiten. Dies führt oftmals dazu, dass viel Energie dafür aufgebracht werden muss, um zumindest nach außen den Anschein einer souveränen Führungspersönlichkeit zu wahren. Für Führungskräfte ist es in den heutigen Zeiten deshalb eine wichtige Aufgabe, hier unter den veränderten Bedingungen eine gesunde Balance zu finden.

TEIL II

Die dunkle Seite der Macht – Psychotricks in heutigen Chefetagen

Psychotricks gehören zu der dunklen Seite der Macht. Darum liegt es oft an den Chefs und Führungskräften selbst, inwiefern Psychotricks auf den Chefetagen eine Rolle spielen und eingesetzt werden. Entscheidend ist, die Wirkungsmechanismen der Psychotricks zu durchschauen. Dabei helfen die folgenden Kapitel.

5. Alle Leinen los: Wenn der Bauch die Führung übernimmt

Darum geht es jetzt!
Welchen Einfluss Intuition und Emotionen auf Ihren Führungsstil haben können. Warum die Achtung sinkt, wenn die Furcht steigt, und wann Kontrolle wirklich hilfreich ist.

Der Große Ausrastelli

Wenn Sie an Psychotricks in Chefetagen denken, haben Sie vielleicht als Erstes das Bild eines fiesen Tyrannen vor Augen, der mit Hinterlist versucht, seine Mitarbeiter zu manipulieren. Einer, der von seinen Allmachtfantasien getrieben ist, sich die Hände reibt und in niederträchtiger Despoten-Manier mit einem hämischen Lachen die Fäden seiner Marionetten zieht (»Hahaha!«). Der Ausbeuter, der über Leichen geht und dem jedes Mittel für seinen persönlichen oder unternehmerischen Profit recht zu sein scheint. Dies ist hoffentlich nur eine von Vorurteilen geprägte maßlose Überzeichnung eines vom Aussterben bedrohten Führungs-Dinosauriers.

Allerdings gibt es auch heutzutage noch Manager, die mancherorts wie kleine Könige herrschen und glauben, ihre Untertanen mit harter Hand regieren zu müssen. Dabei sind cholerische Wutausbrüche und verbale Entgleisungen an der Tagesordnung. Für Mitarbeiter bedeutet das, sich tagtäglich durch das Minenfeld der Chef-Emotionen schleichen zu müssen. Keiner weiß, wo die Bombe hochgehen und wen es diesmal treffen wird. Aber eines ist klar: Der nächste Ausbruch kommt bestimmt! Und dann heißt es, möglichst schnell in Deckung zu gehen, um nicht getroffen zu werden (»Achtung, der Alte rastet wieder aus!«). Diese Sorte Chef nenne ich deshalb den Großen Ausrastelli. Er führt sein Unternehmen oder Team nach Gutsherrenart, und in schwierigen Situationen gehen mit ihm die Pferde durch. Dann lässt er seinen Gefühlen hemmungslos freien Lauf und macht mit seiner Kritik auch nicht an der Gürtellinie seiner Untergebenen halt. Dann heißt es: »Bin ich denn hier nur von Idioten umgeben? / Das kann doch wohl nicht so schwer sein! / Wo lassen Sie denken? / Das kann ja selbst unser Pförtner besser. / Brot kann ja wenigstens noch schimmeln, aber Sie können ja gar nichts! / Wofür bezahlen wir Sie hier eigentlich?«

Er bringt dabei auch gern die Fehler seiner Mitarbeiter mit deren vermeintlich unzulänglichen Charaktereigenschaften in Verbindung. Das ist zwar ungerechtfertigt und unfair, aber in der persönlichen Betroffenheit des Angegriffenen wird diese unzulässige Verknüpfung meist nicht mehr hinterfragt. Und Widerworte duldet der Große Ausrastelli in seiner Entrüstung sowieso schon mal gar nicht.

Was ist aber der Nutzen dieser Verhaltensweise? Die Mitarbeiter kuschen und widersprechen nicht, weil sie in ständiger Angst vor dem Vulkanausbruch leben. In permanenter Habachtstellung sind sie stets darauf bedacht, nicht anzuecken. Sie sind immerfort bemüht, sich den Zorn ihres Vorgesetzten nicht zuzuziehen. Dies wird vom Chef oftmals als Respekt und Ehrfurcht missinterpretiert sowie als Anerkennung der eigenen Autorität fehlgedeutet. Und gleichzeitig kaschiert der große Gefühlsausbruch die eigene Führungsschwäche.

 Im Bodennebel der Emotionen wird das eigene Unvermögen, sich auch selbst kontrollieren zu können, zu einem autoritären Führungsstil umgedeutet. Aus dem unbeherrschten Rumpelstilzchen – »Ach, wie gut, dass niemand weiß« – wird der durchsetzungsstarke Imperator.

Wenn das Team oder Unternehmen des Großen Ausrastelli dann auch noch sehr erfolgreich ist, rechtfertigt dieser Umstand in der Außenwirkung wiederum seinen Führungsstil. Der Erfolg gibt ihm vermeintlich recht. Man könnte allerdings auch andersherum argumentieren, dass der Erfolg nicht durch sein Zutun, sondern *trotz* seiner Führungsschwäche eingetreten ist. Stellen Sie sich vor, wie erfolgreich die Mannschaft erst ohne ihn gewesen wäre. Der Große Ausrastelli lebt in der Illusion, dass er alles im Griff hat – außer vielleicht sich selbst. Es gibt ihm das Gefühl von Überlegenheit, weil er die Macht hat, andere abzukanzeln. Ein altbekanntes, psychologisches Strickmuster: Man versucht sich selbst aufzuwerten, indem man andere abwertet.

Der Trick ist also, den Mitarbeiter in einem Zustand der Unsicherheit und Furcht zu halten. Auf diese Weise soll er dazu gebracht werden, vernünftig zu spuren, nicht aufzumucken und seine Aufgaben zu erledigen. Menschlich gesehen ist dieses Führungsverhalten zumindest fragwürdig, aber wie sieht es aus unternehmerischer Sicht aus? Gleichgültig, ob es sich beim Großen Ausrastelli um Kalkül oder tatsächliche, unkontrollierte Gefühlsausbrüche handelt, die Folgen sind in beiden Fällen ähnlich: Der so behandelte Mitarbeiter hat meist wenig Verständnis für diese Erniedrigung. Sein Selbstwertgefühl ist beschädigt. Und das zwischenmenschliche Verhältnis, das unter der Last der hierarchischen Ordnung ohnehin schon mehr Gewicht auf der Chefseite hat, bekommt noch mehr Schlagseite. Wer das Opfer derartiger Herabwürdigungen geworden ist, wird misstrauisch, zieht sich zurück, sucht Deckung oder sinnt auf Revanche. Und Menschen sind sehr kreativ, wenn es darum geht, die innere oder äußere Balance des angekratzten Selbstwerts wiederherzustellen.

> Psychotricks dienen oft der eigenen Aufwertung, indem Mitarbeiter abgewertet werden. Doch die Rache des »kleinen Mannes« kann fürchterlich sein.

Der Mitarbeiter lässt sich zwar vielleicht für den Augenblick noch widerspruchslos vom Chef herabwürdigen, aber dafür zahlt er es ihm später an anderer Stelle heim. Selbstverständlich nicht mit gleicher Münze im offenen Schlagabtausch, denn dafür ist er nicht in der entsprechenden Machtposition. Vielmehr passiert das dann in der Regel durch kleinere oder größere Sabotageakte – durch die Rache des kleinen Mannes. Beispielsweise redet der Mitarbeiter jetzt schlecht hinter dem Rücken des Chefs über ihn und macht seinem Ärger sowie seiner Verachtung im trauten Kreis der Kollegen Luft. In Abhängigkeit von seinem eigenen kriminellen Potenzial trickst er dann manchmal bei der nächsten Reisekostenabrechnung oder lässt von Zeit zu Zeit das eine oder andere »Andenken« aus der Firma mitgehen.

Auch Unterschlagungen im großen Stil sind keine Seltenheit. Das fühlt sich für ihn noch nicht einmal nach Diebstahl an, sondern wird als gerechtfertigte Wiedergutmachung für die erlebte Schikane empfunden. Man beklaut also nicht seinen Chef, sondern sorgt für ausgleichende Gerechtigkeit. Vielleicht werden aber auch wichtige Informationen zurückgehalten. Oder man lässt mal eben ein Großprojekt für viel Geld gegen die Wand fahren, ohne rechtzeitig gegenzusteuern. Gern wird auch mit einer Krankschreibung durch den Arzt des persönlichen Vertrauens die ohnehin als recht knapp empfundene Anzahl der Urlaubstage etwas aufgebessert.

Wo die Furcht steigt, sinkt die Achtung

Unabhängig von den subversiven Wiedergutmachungsversuchen herrscht in Firmen oder Abteilungen, in denen Führungskräfte wie der Große Ausrastelli regieren, ein Klima der Furcht. Wer als Mitarbeiter dann in Angst und Schrecken lebt, passt sich nur so lange an das äußere, belastende Machtgefüge an, wie er keinen Ausweg sieht und ein hoher Kontrollaufwand betrieben wird.

Menschen lassen sich nicht dauerhaft gegen ihren Willen verändern. Das ist in allen totalitären Systemen so. Das Arbeitsleben in ständiger Alarmbereitschaft kostet viel Energie, die für die Erledigung der tatsächlichen Aufgaben dann nur noch eingeschränkt zur Verfügung steht. Die Folgen sind innere Kündigung, hohe Fehlzeiten und eine permanente Fluktuation der engagierten Mitarbeiter. In einem solchen Klima werden auf Dauer nur diejenigen Mitarbeiter bleiben, die sich wirtschaftlich von ihrem Job abhängig fühlen, keine Alternative sehen und sich mit dem erniedrigenden Führungsstil irgendwie noch arrangieren können. Jeder andere wird früher oder später das Weite suchen. Alle, die noch übrig bleiben, machen allenfalls Dienst nach

Vorschrift – oder weniger. Schließlich bleiben im Bodensatz der langfristigen Festanstellung nur noch diejenigen Mitarbeiter übrig, die wissen, dass sie mit ihrer dürftigen Leistung anderenorts keine Aussicht auf einen Arbeitsplatz haben. Ein leistungsstarkes Team, auf das man sich auch in schwierigen Zeiten verlassen kann, sieht anders aus. Die Führungskräfte sind dann letztlich nur noch von Minderleistern oder Gehaltsabholern umgeben.

Wo die Furcht steigt, sinkt die Achtung. Wenn Ihre Mitarbeiter Angst vor Ihnen haben, verlieren Sie nicht nur in den Augen Ihrer Mitarbeiter Ihr Ansehen. Das wäre ja vielleicht noch nicht einmal so dramatisch, weil Sie davon vermutlich ohnehin nichts mitbekommen würden. Denn das findet hinter vorgehaltener Hand statt, wenn Sie selbst nicht anwesend sind. Zu merken ist dies übrigens immer dann, wenn Sie einen Raum betreten und die Gespräche plötzlich verstummen oder die gerade eben noch gelöste Stimmung Ihrer Mitarbeiter einfriert und sich alle auf einmal wie ausgewechselt ihrer Arbeit zuwenden. In einem derartigen Betriebsklima gedeihen Parallelwelten besonders gut. Da gibt es zum einen die offizielle Fassade, die man für den Chef aufrechterhält und die ihm vermittelt, dass er alles im Griff hat und alles nach seiner Pfeife tanzt. Zum anderen existiert daneben die Wirklichkeit, die gelebt wird, wenn der Boss nicht zugegen ist. Da macht so ziemlich jeder, was ihm einfällt und was er will. Während vorne »King Lear« gegeben wird, läuft hinter den Kulissen »Wie es euch gefällt«. Hier haben Sie als Chef gute Chancen, irgendwann aus allen Wolken zu fallen, weil die Mitarbeiter Ihnen aus der Furcht heraus lange Zeit etwas vorgemacht haben, um Sie nicht aus Ihrem Dornröschenschlaf zu wecken und sich selbst keinen Stress einzuhandeln. Das Erwachen ist allerdings nicht wie im Märchen von einem sanften Kuss begleitet, sondern eher mit einem Donnerwetter verbunden. Nämlich dann, wenn sich in Krisensituationen die Fassade nicht mehr aufrechterhalten lässt und das Kartenhaus zusammenfällt.

Führungskräfte brauchen gerade in schwierigen Situationen genügend Souveränität, um einen kühlen Kopf zu bewahren. Wenn alle kopflos herumirren, braucht es jemanden, der den Überblick behält. Einen, der sich von der allgemeinen Hektik und Hysterie nicht anstecken lässt, zusammen mit seinem Team nach Lösungen sucht und klare Entscheidungen trifft. Für die Suche nach dem Schuldigen ist später immer noch genug Zeit. Oder möchten Sie sich vorstellen, dass der Kapitän eines sinkenden Schiffes erst einmal wie ein Berserker herumtobt und über seine unfähige Mannschaft, den klapprigen Kahn oder den blöden Eisberg wettert?

Wenn Sie schon in Panik verfallen wollen, dann lieber im stillen Kämmerlein und am besten, *bevor* alle anderen nervös werden.

 **Die souveräne Führungskraft wird frühzeitig unruhig, weil sie bereits wahrnimmt, wenn sich ungünstige Entwicklungen abzeichnen und kritische Faktoren zusammenzutreffen drohen.**

Wenn Sie als Chef ein seismografisches Gespür für die ersten Anzeichen eines sich ankündigenden Erdbebens haben, dann herzlichen Glückwunsch! Dann nutzen Sie dieses intuitive Frühwarnsystem und handeln Sie rechtzeitig. Wenn um Sie herum aber schon die Gebäude wackeln und einstürzen, dann brauchen Sie nicht mehr auf die Gefahr hinzuweisen oder darauf zu reagieren. Dann sind Ihre Interventionen überflüssig, denn dann hat ohnehin auch schon der letzte Ignorant begriffen, dass irgendetwas nicht stimmt.

Auf der anderen Seite ist das mit der Intuition nun auch wieder so eine Sache. Wenn man Führungskräfte fragt, woran sie ihren Erfolg festmachen, sind oft die Argumente zu hören, sie hätten den richtigen Riecher, die treffsichere Intuition oder das richtige Bauchgefühl gehabt. Manche nennen es Erfahrung, Fingerspitzengefühl oder Gespür bis hin zu göttlichen Eingebungen. Oftmals sind gerade dies die Eigenschaften, die den charismatischen Unternehmenslenker in einem verklärten Licht erscheinen lassen. Dagegen ist grundsätzlich nichts einzuwenden, solange das Gefühl oder die Intuition lediglich den ersten Anstoß für Entscheidungen liefert. Schwierig wird es, wenn ausschließlich der Bauch die Führung übernimmt.

Intuition allein ist nicht alles

Wer schon über eine gewisse Übung im Job und im Leben verfügt, hat sicherlich bereits bei verschiedenen Entscheidungen dem eigenen Bauchgefühl vertraut und damit gute Erfahrungen gemacht. Was aber, wenn die Sachargumente hinter dem Gefühl zurückstehen müssen oder sogar völlig verdrängt werden? Dann wird eine Entscheidung, obwohl vieles dagegen spricht, dennoch umgesetzt, weil man es gerade mal so im Gefühl hatte. Ich kann mich gut erinnern, dass ich mich in meiner Zeit als Führungskraft mitunter dabei ertappt habe, meine eigene Intuition als Leuchtfeuer für meine Entscheidungen herangezogen zu haben. Vielleicht ist Ihnen das ja auch aus Ihrer eigenen Berufspraxis bekannt. Ich muss zugeben, dass ich mich, gerade in Personalentscheidungen, nicht immer von meinen persönlichen Empfindungen freimachen konnte und so vielleicht auch gelegentlich ungerechte oder suboptimale Entscheidungen getroffen habe. Gerade bei der Auswahl von Bewerbern für eine bestimmte Position im Unternehmen habe ich diesen Mechanismus bei mir beobachtet.

Da kommen auf eine Stellenausschreibung 150 Bewerbungen, es können aber nur fünf bis zehn Kandidaten zu einem Bewerbungsgespräch eingeladen werden. Dann bleiben oftmals nur wenige Minuten für die erste Sichtung der einzelnen Bewerbungsunterlagen. Anschreiben überflogen – Bewerbungsmappe, Foto sowie Lebenslauf gescannt – und zack, Entscheidung gefallen. Rechts raus, links raus. Viele Bewerbungen disqualifizieren sich auf den ersten Blick durch klassische Fehler wie die unkorrekte Schreibweise des Adressaten oder den Fauxpas, beim Copy-and-paste des Anschreibens den Ansprechpartner des vorigen Bewerbungsschreibens zu übersehen. Rechts raus, links raus. Warum sind solche kleinen, doch eigentlich verzeihbaren Fehler denn gleich das K.o.-Kriterium? Kann doch jedem mal passieren und sagt vielleicht überhaupt nichts über die Person und deren Fähigkeiten aus. Stimmt schon. Aber in dieser Situation können Sie eben doch zum Auswahlkriterium werden, weil in dieser Phase des Entscheidungsprozesses nicht viel Zeit zur Verfügung steht und dem Entscheider oft gar nichts anderes übrig bleibt, als anhand minimaler Hinweise auf die Gesamtpersönlichkeit zu schließen. Nicht besonders fair, aber so funktioniert es halt. Das ist der klassische Mechanismus der Vorurteilsbildung.

Obwohl ich als Psychologe sehr genau über die Mechanismen der Vorurteilsbildung Bescheid weiß, bin ich doch selbst überhaupt nicht frei davon. Aber wie kann das eigentlich sein? Bin ich denn nicht als intelligentes Wesen, für das ich mich selbst ganz gern halte, in der Lage, mich von diesen Einflüssen frei zu machen? Kann ich denn nicht mit meinem freien Willen und in pflichtgemäßem Ermessen nach den Prinzipien der Gleichbehandlung und Faktenabwägung entscheiden? Leider nein. Die Sozialpsychologie hat sich mit diesen Mechanismen ausgiebig auseinandergesetzt. Sie beschäftigt sich mit der Frage, welche Auswirkungen die tatsächliche oder auch nur vorgestellte Gegenwart anderer Menschen auf das Erleben und Verhalten des Einzelnen hat.

 **In vielen Situationen unseres Alltagslebens haben wir überhaupt keine andere Wahl, als uns ein vorläufiges Urteil, also ein Vor-Urteil, zu bilden. Denn wir müssen sehr oft anhand von ersten Eindrücken entscheiden, welche Bedeutung eine Situation für uns hat.**

Allerdings besteht auch immer die Gefahr, dass wir andere Menschen sehr schnell nach unseren Werten und Erfahrungskategorien beurteilen und sie damit in Schubladen stecken, aus denen sie dann gar nicht mehr so leicht herauskommen. Denn es ist nicht leicht, eine für uns einmal getroffene Einschätzung wieder zu revidieren. Das finde ich zunächst einmal auch gar nicht so problematisch. Wichtig ist dabei nur, sich diesen Mechanismus immer wieder zu vergegenwärtigen. Wenn Ihnen bewusst ist, dass wir uns alle in unseren Vorurteilen und Projektionen bewegen, dann haben Sie auch die Möglichkeit, Ihre eigenen Denkmuster zu reflektieren und kritisch zu hinterfragen. So besteht eine gute Chance, nicht in die Falle zu tappen, dass die eigene Einschätzung der Dinge der Realität entsprechen muss.

Wann Kontrolle hilfreich ist

In den meisten Firmen und Organisationen sind die täglichen Arbeitsabläufe gut strukturiert und klar definiert. Kaum noch ein Unternehmen, das ohne ein sogenanntes Qualitätsmanagement (QM) auskommt. Ganze Heerscharen von QM-Beauftragten ziehen mit umfangreichen Aktenordnern und Flussdiagrammen ihre Bahnen um und durch die Firmen. Interne und externe Auditoren prüfen, dokumentieren, berichten, stellen Abweichungen fest, fordern zu Korrekturmaßnahmen auf, kontrollieren deren Umsetzung und überprüfen das Ergebnis. Ein immerwährender Kreislauf der Qualitätsoptimierung, der sich vielerorts verselbstständigt hat, ganze Unternehmenszweige okkupiert und sich wie ein Perpetuum mobile immer weiter dreht. Der große Unterschied zum Perpetuum mobile ist nur, dass hier immer wieder Energie in Form von Geld und Arbeit zugeführt werden muss. Über die Tendenz, dass sich solche QM-Systeme sehr schnell aufblähen und zum Selbstzweck werden, könnte ich noch lange berichten. Ich könnte Ihnen von dem QM-Auditor erzählen, der mir in einem Unternehmen begegnet ist, als er gerade mit einem Lineal über einem Häuflein geschredderter Papiere saß. Diese hatte er soeben aus dem Aktenvernichter geklaubt und war jetzt gerade dabei zu überprüfen, ob die Größe der einzelnen Papierschnipsel auch wirklich den Richtlinien für die datenschutzrechtliche Vernichtung von Dokumenten entspricht. Meinen erstaunten Blick hat er zum Anlass genommen, mich in die Geheimnisse der Datenvernichtung einzuweihen. Die DIN-Norm 66399 regele nämlich sehr genau, dass in der Sicherheitsstufe 3 (insgesamt gäbe es fünf) ein Partikelschnitt von max. 4 mm Breite auf max. 60 mm Partikellänge, also 240 mm² Partikelfläche, zulässig ist. Bei einem Streifenschnitt sei dagegen eine Streifenbreite von maximal 2 mm erlaubt. Ich kann mich gut daran erinnern, wie froh ich damals war, dass er mir nicht noch die Details der vier anderen Sicherheitsstufen erörtert hat.

Sie kennen sicherlich auch aus Ihrem eigenen Unternehmen genügend Beispiele, in denen Sie sich des Eindrucks einer bürokratischen Überregulierung nicht erwehren konnten. Aber dann würden wir vielleicht unser eigentliches Thema ganz schnell aus dem Auge verlieren. Dennoch gehört auch das Kontrollieren zu den Kernaufgaben von Führungskräften. Das Zusammentreffen von Kontrolle und Macht kann jedoch dazu führen, dass Sie auf der Kommandobrücke wichtige Informationen und Rückmeldungen von Ihrer Mannschaft nicht mehr erhalten, weil sich schlichtweg keiner mehr traut, Ihnen zu widersprechen – auch wenn das sinnvoll oder sogar notwendig wäre. Aus Untersuchungen von Flugzeugkatastrophen ist bekannt, dass manche Abstürze durchaus zu vermeiden gewesen wären, wenn der Co-Pilot den offensichtlichen Fehler des Kapitäns hätte korrigieren können und sich dies auch getraut hätte. Manchmal geht es halt einfach nur ums Rechthaben und Recht-behalten-Wollen. Deshalb darf auch in höheren Führungspositionen ein Fehler nicht mit einem Gesichtsverlust oder anderen Repressalien behaftet sein.

Wenn Sie mögen, können Sie sich ja einmal die grundsätzliche Frage stellen, wie mit Fehlern in Ihrem Unternehmen umgegangen wird. Werden Fehler bei Ihnen als eine Normalität angesehen oder sind sie die unerwünschte Ausnahme, die einen umfangreichen Kanon an Schuldzuweisungen und negativen Konsequenzen nach sich zieht? Wenn eher Letzteres bei Ihnen zutrifft, dann erzeugen Sie damit einen hohen Druck bei allen Beteiligten und bereiten Psychotricks einen idealen Nährboden. Durch diesen Druck entsteht nun aber nicht automatisch das gewünschte Ergebnis, dass keiner mehr Fehler macht oder weniger Fehler passieren. Sondern es entwickelt sich ein Klima der Fehlerparanoia, in der Mitarbeiter und Führungskräfte alles daran setzen, um sich gegen die unangenehmen Folgen von Fehlern abzusichern. Fehler sind aber zutiefst menschlich – und damit unvermeidlich. Und wie vermeidet man das Unvermeidliche? Indem man versucht, möglichst alles zu unterlassen, was einen Fehler oder eine Fehlentscheidung bedeuten könnte.

 **Damit unterbinden Sie aber auch jede Form von Eigeninitiative, Kreativität oder Zivilcourage, weil alle das hohe Risiko scheuen und auf Nummer sicher gehen. Darüber hinaus werden große Anstrengungen unternommen, um bei Fehlern nicht den »Schwarzen Peter« zu bekommen.**

Sicherlich kennen Sie auch die Flut der täglichen E-Mails, die zusätzlich »in cc gesetzt« werden. Das »cc« steht übrigens für »carbon copy« (Kohlekopie) und ist Ihnen vielleicht noch aus den grauen Vorzeiten des analogen Zeitalters bekannt, als die Briefe auf Schreibmaschinen geschrieben wurden und der Kopierer längst nicht so verbreitet wie heute war. Zwischen den Seiten des Schreibpapiers befand sich damals das sogenannte Kohlepapier. Dieses sorgte dafür, dass der auf das Blatt hämmernde Buchstabe einen Abdruck auf dem darunter liegenden Durchschlag erzeugte. Die heutige Unart, eigene Nachrichten fast reflexartig auch noch an andere Adressaten zu schicken, ist so ein Hinweis auf das Bedürfnis, sich durch Information und Dokumentation abzusichern (»Ich hatte Sie ja informiert, und Sie haben nichts dagegen gesagt«). Ich möchte nicht wissen, wie viele Führungskräfte tagtäglich mit diesen cc-Mails zugespamt werden und einen großen Teil ihrer Arbeits- und Lebenszeit mit dem Lesen überflüssiger Texte verbringen. Im Grunde ist auch dies ein Ausdruck des gegenseitigen Misstrauens. Der Mitarbeiter befürchtet Nachteile, sofern er sich nicht in alle Richtungen absichert. In einem solchen Arbeitsklima gehen Menschen mit hochgezogenen Schultern durch die Flure und leben in ständiger Sorge, dass sie von irgendwoher der Blitz aus heiterem Himmel treffen könnte.

Der offene und konstruktive Umgang mit Fehlern hilft, Psychotricks zu verhindern und auszumerzen.

Es ist sicherlich nicht leicht, die Balance zwischen einer hilfreichen Qualitätskontrolle zur Verbesserung der Arbeitsabläufe und einem argwöhnischen Kontrollwahn, der im Grunde ein Mitarbeiter-Misstrauensvotum ist, zu halten. Wenn Sie Fehler vermeiden wollen, müssen Sie sie zulassen. Das klingt zunächst paradox, führt aber langfristig zu einem offenen und konstruktiven Umgang damit. In einer Unternehmenskultur, in der Fehler in gewisser Weise sogar willkommen geheißen werden, dienen sie dann nicht mehr dazu, dem Verursacher seine vermeintliche Inkompetenz vorzuhalten oder einen Sündenbock zu finden, den man dann selbstgefällig an den Pranger stellen kann. Stattdessen werden Fehler oder Fehlentscheidungen dazu genutzt, um daraus zu lernen, wie sie entstanden sind und wie man weitere oder schlimmere Fehler der gleichen Art vermeiden kann. Das hilft, Kosten sowie Ressourcen zu sparen und ein Klima des gegenseitigen Vertrauens aufzubauen. Und damit wiederum entziehen Sie Psychotricks den Nährboden.

6. Tarnen, Täuschen und Vertuschen

Darum geht es jetzt!
Was sich hinter dem Psychotrick »Dienstklappen-Dreh« verbirgt –
und welche Schattenseiten es hinter der gleißenden Fassade der
Führungseliten gibt. Was Tom Sawyer mit einem hilfreichen Kurs-
wechsel zu tun hat.

Der Dienstklappen-Dreh

In vielen Berufsfeldern werden Uniformen getragen, zum Beispiel bei
der Bundeswehr, der Polizei, der Feuerwehr oder in Flugzeugen. Über
Uniformen wird einerseits Zugehörigkeit zu einer bestimmten Gruppe
auch nach außen dokumentiert; andererseits befinden sich an Uniformen auch Dienstgradabzeichen, die etwas über die hierarchische
Position des Trägers aussagen. So ist schon von außen zu erkennen,
wie wichtig oder mächtig eine Person ist. Es ist sozusagen die äußere Dokumentation der inneren Rangordnung. Wir könnten auch von
den Insignien der Macht sprechen oder etwas salopp sagen: Je mehr
Lametta auf der Dienstklappe glänzt, desto höhe steht ihr Träger in der
Hierarchie. Aus diesen Berufssparten leitet sich die Bezeichnung für
einen Psychotrick her, der auf den Führungsetagen weit verbreitet ist.
Ich nenne diesen Kunstgriff »Dienstklappen-Dreh«.

 **Wenn die Argumente ausgehen oder es an der persönlichen Autorität mangelt, ziehen sich Menschen gern auf ihre unbestreitbaren und damit unangreifbaren Machtfaktoren zurück, indem sie mit dem Totschlagargument des höheren Dienstgrades auftrumpfen.**

Sie lassen dann den Chef raushängen und beenden die Diskussion kurzerhand mit einem »Basta!«. So bleiben sie letztlich Sieger, weil die Vorgesetztenposition die Machtverhältnisse eindeutig regelt, sodass diese nicht mehr infrage gestellt werden. Zum Dienstklappen-Dreh gehören im weitesten Sinne auch alle anderen Interventionen, in denen die disziplinarische Autorität als Machtmittel eingesetzt wird, um die eigenen Interessen durchzusetzen. Das kann etwa die diffuse Drohung mit der ausbleibenden Gehaltserhöhung oder Beförderung sein. Meist werden hier nur vage Andeutungen gemacht, zum Beispiel: »Wenn ich in dieser Situation nicht auf Sie zählen kann, dürfen Sie sich auch nicht wundern, wenn dies bei der nächsten Prämienvergabe Auswirkungen haben könnte.«

Damit wird eine nebulöse Drohkulisse aufgebaut, die den Adressaten einerseits unter Druck setzen soll, während er andererseits über die Konsequenzen seines Handelns im Ungewissen gelassen wird. Schließlich werden keine klaren Wenn-dann-Szenarien aufgezeigt, sondern es bleibt ihm selbst überlassen, sich das für ihn passende Bild des Grauens auszumalen. Außerdem formuliert der Sender seine Äußerung oftmals im Konjunktiv und hält sich damit alle Hintertüren offen. Überflüssig zu erwähnen, dass es hier natürlich keine schriftliche Dokumentation oder Aussagen vor Zeugen gibt. Es handelt sich schließlich nicht um eine klassische Zielvereinbarung, die bei Erreichen des vorgegebenen Ziels mit einer entsprechenden Konsequenz verbunden ist. Hier geht es lediglich darum, Druck aufzubauen, ohne dafür angreifbar zu sein.

Dabei kann es auch passieren, dass sich die Führungskraft nach Anwendung des Dienstklappen-Drehs tatsächlich zunächst als Sieger fühlt und nicht bedenkt, was ihr Verhalten beim Mitarbeiter langfristig anrichtet. Solch ein kurzfristiger Erfolg ist allerdings oft ein Pyrrhussieg, weil er sehr teuer erkauft ist und auf lange Sicht gesehen dann doch viele Nachteile mit sich bringt. Der Begriff geht auf König

Pyrrhus I. zurück, der im Jahr 279 v. Chr. nach einer erfolgreichen, aber verlustreichen Schlacht über die Römer in Süditalien zu einem seiner Vertrauten gesagt haben soll: »Noch so ein Sieg, und wir sind verloren!« Seine hohen Verluste führten dazu, dass er zwar mehrere Schlachten gewann, den Krieg jedoch letztlich verlor.

Nun werden Sie vielleicht fragen: »Kann ich denn nicht einfach auch mal nur kraft der mir verliehenen und mühsam erarbeiteten Machtposition sowie nach meinem eigenen, pflichtgemäßen Ermessen entscheiden?« Doch, selbstverständlich können und dürfen Sie das. Manchmal ist es sogar notwendig, eine klare Entscheidung zu treffen und durchzusetzen. Und zwar immer dann, wenn Ihr Eingreifen als Führungskraft wirklich vonnöten ist. Das kann insbesondere in sogenannten Pattsituationen der Fall sein, wenn sich Mitarbeiter nicht auf ein gemeinsames Vorgehen einigen können und eine Umsetzung aufgrund endloser Diskussionen nicht zustande kommt. Wenn dann auch noch die Zeit drängt, braucht es jemanden, der die Entscheidung fällt und ein Machtwort spricht. Denken Sie an mein Beispiel mit den beiden Matrosen und dem Eisberg.

Dieser Entscheider sind in aller Regel Sie in Ihrer Rolle als Führungskraft. Dennoch sollten Sie von dieser letzten Möglichkeit, sich durchzusetzen, nur sparsam Gebrauch machen, weil Sie so den Mitarbeiter mundtot machen und das eigentlich erwünschte ausgeglichene Verhältnis auf Augenhöhe aus dem Lot gerät. Deshalb ist es wichtig, bei solchen Machtwort-Entscheidungen für Transparenz zu sorgen. Sie sollten erklären, wie es zu der Entscheidung kam und warum die Gegenargumente nicht überzeugt haben. Damit zeigen Sie auch eine Wertschätzung für die Verlierer in Ihrem Team, deren Ideen unberücksichtigt geblieben sind.

Wie können Sie nun aber darauf reagieren, wenn Ihnen selbst jemand mit dem Dienstklappen-Dreh begegnet? Wenn Sie selbst also der Adressat dieses Tricks sind? Dann empfehle ich den Doppelschritt aus »Empfindung bzw. Vermutung ansprechen« und »um Konkretisierung bitten«. Und das funktioniert so:

- »Ich merke gerade, dass mich Ihre Äußerung unter Druck setzt und ich die Fantasie habe, dass, wenn ich jetzt nicht sofort wunschgemäß reagiere, Sie es mir später zum Beispiel mit einer Prämienkürzung heimzahlen werden. Können Sie bitte einmal genau sagen, was Sie mit Ihrer Äußerung gemeint haben?«

- »Mein Eindruck ist, dass kritische Gegenstimmen Ihnen lästig und deshalb hier unerwünscht sind. Ist das so oder haben Sie ein echtes Interesse an meinen Bedenken?«

Damit erreichen Sie vielleicht sogar zweierlei: Zum einen geben Sie eine authentische Rückmeldung und sprechen die Situation offen an. Zum anderen geben Sie Ihrem Gegenüber die Gelegenheit, seinen Standpunkt zu konkretisieren, und fordern ihn zugleich auf, Farbe zu bekennen. Sie werden erleben, dass gerade dann, wenn Sie hier unerschrocken und vielleicht sogar ein wenig drastifizierend in die Offensive gehen, der andere plötzlich zurückrudert (»So war das ja gar nicht gemeint«). Wenn Sie einen obendrauf setzen möchten, lassen Sie jetzt noch nicht locker und fragen nach, wie es denn gemeint gewesen sei. Spätestens jetzt muss Ihr Gegenüber eindeutig Stellung beziehen oder seine Aussage zurücknehmen. Das verschafft Ihnen selbst Klarheit für die Situation und bringt Ihnen den Respekt Ihres Umfelds ein.

> **Empfindung bzw. Vermutung ansprechen und um Konkretisierung bitten – so kontern Sie den Psychotrick.**

Führungskräfte müssen wissen, wo es langgeht; sonst können sie ihre Mitarbeiter nicht dorthin führen. Was aber, wenn Sie in Ihrer Führungsrolle selbst nicht so recht wissen, wo es hingehen soll? Wenn Sie selbst zweifeln und unsicher sind? Manager haben im Allgemeinen gelernt, auch in den Momenten der eigenen Unsicherheit nach außen hin Souveränität zu vermitteln. Dies scheint ein unausgesprochener Anspruch an Menschen in Leitungspositionen zu sein. Das Umfeld geht ganz selbstverständlich davon aus, dass sie auch in Krisensituationen immer den Überblick behalten und genau wissen, was zu tun ist. Was für ein merkwürdiger Irrglaube, denn auch Führungskräfte haben ja keineswegs für jede Krisensituation immer eine Patentlösung parat. Auch haben sie keine Kristallkugel, mit der sie in die Zukunft sehen können. In vielen Fällen sind sie auf Vermutungen und Prognosen angewiesen, die letztlich auch immer nur Wetten auf die Zukunft sind. Es werden Faktoren oder Erfahrungen aus der Vergangenheit heranzogen, um eine Aussage über die Zukunft zu treffen. Damit bewegen sich auch Führungskräfte natürlich immer nur im Rahmen von Wahrscheinlichkeiten und können allenfalls statistische Risiken abwägen.

Bonzen, Boni und Burn-out

Im gleißenden Licht der Führungsetagen, der teuren Autos und hohen Gehalts- und Bonuszahlungen fallen dem Außenstehenden zunächst die Annehmlichkeiten der Führungseliten ins Auge. Wir sind hier ja unter uns und können deshalb auch einmal über die Schattenseiten reden. Während meiner Zeit als psychologischer Gutachter bin ich oft mit Menschen in Kontakt gekommen, die mit Trunkenheitsfahrten oder unter Drogeneinfluss im Straßenverkehr auffällig geworden sind. Manche davon waren Manager in hohen Positionen, für die Alkohol, Drogen oder Medikamente zu einem ständigen Wegbegleiter geworden waren. Die Themen Burn-out und Sucht sind oftmals auf der Kehrseite der Erfolgsmedaille zu finden. Es sind aber auch gleichzeitig Tabuthemen, über die nicht gern gesprochen wird, weil sie sich kaum mit den positiven Kompetenzen wie Stärke, Charisma, Durchsetzungsfähigkeit, Motivation, Energie und Erfolg vereinbaren lassen. Dabei wird jedoch vergessen, dass gerade Menschen mit hoher Verantwortung in exponierten Führungspositionen häufig einem massiven Druck ausgesetzt sind. Sie stehen unter hohem Erfolgsdruck, weil ihr Umfeld oftmals unrealistisch hohe Erwartungen an sie stellt. Und wenn dann auch noch ein innerer Antreiber dazukommt, steigt die Belastung für die Führungskraft noch einmal um ein Vielfaches.

> Wer sich in exponierter Führungsposition durch die Flucht in eine Sucht eine scheinbare Entlastung verschafft, wird anfälliger für Psychotricks.

Da stellt sich natürlich die Frage, wie sie mit diesem Druck von außen oder innen umgehen und durch welchen Ausgleich sie sich Entlastung verschaffen können. Ein Vorstandsvorsitzender berichtete in einem meiner Coachings unter dem Siegel der Verschwiegenheit davon, nahezu täglich abends eine Flasche Wein zu trinken, um sich von den Belastungen des Tages zu entspannen und gut schlafen zu können. Er hat sich mit einem guten Wein also für seine Anstrengungen belohnt. Manchmal, so berichtete er, wären es dann auch schon einmal zwei Flaschen am Abend geworden. Das Autofahren war für ihn kein Problem, da er ohnehin einen Fahrer hatte. Allerdings war ihm im Laufe der Jahre überhaupt nicht aufgefallen, wie sich seine Trinkmengen immer weiter gesteigert hatten und sich sein abendliches Entspannungs- und Belohnungsritual inzwischen zu einem handfesten Alkoholproblem entwickelt hatte. Je länger wir miteinander arbeiteten, je vertrauensvoller unsere Beziehung wurde, umso öfter wurde der Alkohol zu einem Thema in den Coachings. Beim genaueren Hinsehen wurde deutlich, dass es durchaus schon negative Auswirkungen gab. Selbstverständlich war vielen engen Mitarbeitern seine morgendliche Fahne aufgefallen. Den aufmerksamen Beobachtern unter ihnen waren auch sein morgendlicher Tremor, dieses leichte Zittern der Hände, sowie sein fortschreitender Leistungsabfall nicht entgangen. Immer deutlicher wurde, dass eine gravierende Kursänderung vonnöten war. Er hat dann zunächst versucht, seinen Alkoholkonsum einzuschränken, und musste dabei feststellen, dass ihm dies immer nur über eine kurze Zeit gelang. Immer wieder gab es nach kurzen Phasen der Abstinenz größere heimliche Trinkexzesse. Letztlich hat er sich entschlossen, eine Suchtklinik aufzusuchen und eine Alkohol-Entgiftung mit anschließender Entwöhnungstherapie in Angriff zu nehmen. Heute lebt er als trockener Alkoholiker und geht auch in seinem beruflichen Umfeld offensiv mit dem Thema um. Im Kreis seiner Vorstandskollegen und Mitarbeiter wissen alle um seine Vorgeschichte. Der offene Umgang mit seiner Krankheit hat ihm großen Respekt eingebracht.

 **Kritisch wird es immer dann, wenn sich die eigene Erlebniswelt in zwei verschiedene Bereiche teilt, die immer weiter auseinanderdriften.**

Gefahr droht also, wenn der berufliche Kontext mit all seinen Herausforderungen und Belastungen dem privaten Leben und der Freizeit gegenübersteht. Das ist zunächst einmal ja in den meisten Fällen so. Es sei denn, Sie haben Ihr Hobby zum Beruf gemacht und es gibt bei Ihnen keinen räumlichen, zeitlichen oder emotionalen Unterschied zwischen Arbeit und Freizeit. Glückwunsch – dann haben Sie erreicht, wovon die meisten Menschen nur träumen. Unsere Berufswelt ist jedoch in vielen Bereichen noch sehr weit von diesem Idealbild entfernt. Und selbst, wenn Sie einen Job haben, der Ihnen die meiste Zeit Freude bereitet, gibt es dennoch in jedem Arbeitsfeld immer Momente oder Tätigkeiten, die zwar dazugehören, aber bei Ihnen nicht unbedingt begeisterte Ausbrüche der Entzückung hervorrufen. Wenn Sie gern kochen, nervt Sie vielleicht das nachfolgende Aufräumen der Küche. Sie lieben vielleicht Ihre Kinder und Ihnen geht das Herz auf, wenn Sie mit ihnen zusammen sind. Aber die Elternabende mit dem ständigen Damoklesschwert der Wahl zum Elternvertreter sind vielleicht doch nicht Ihr Ding. Und so haben auch viele berufliche Tätigkeiten ihre Kehrseite durch die Dinge, die Sie nicht gern tun, die Ihnen nicht liegen oder sogar äußerst schwerfallen. Da sind vielleicht auch bestimmte Kollegen oder Vorgesetzte, mit denen die Zusammenarbeit schwierig ist.

All das ist ein Stück Normalität und tolerabel. Was aber, wenn die Schattenseiten des Berufes überhandnehmen? Wenn sich die negativen Erlebnisse und Tätigkeiten im beruflichen Zusammenhang häufen? Wenn die positiven Momente immer länger auf sich warten lassen und dann, wenn sie denn schon mal auftauchen, nicht lange vorhalten? Dann kann sich eine ungesunde Dynamik entwickeln. Dann findet der Ausgleich oftmals nicht mehr innerhalb des Jobs statt, sondern wird in die Freizeit verlagert. Dann wird der Feierabend herbeigesehnt, um endlich wieder Freude zu empfinden und sich mit den schönen Dingen des Lebens zu beschäftigen: als Ausgleich für die in der Arbeit erlittenen und durchgemachten Unannehmlichkeiten. In einem meiner Coachings sagte mir einmal ein Regionalchef, dass er »Management by Robinson Crusoe« betreibe. Auf meine Nachfrage, was das denn zu bedeuten habe, entgegnete er etwas bitter: »Ich warte immerzu auf Freitag!«

Die Ablenkung von sich selbst hilft nicht weiter, sondern kann in den Untergang führen.

Mit dieser Haltung besteht die Gefahr, in eine Abwärtsspirale zu geraten. Die positiven Dinge des Alltags werden dann nämlich nicht mehr als ein entspannender Ausgleich neben einer herausfordernden, aber dennoch befriedigenden Arbeit gesehen. Nein, sie werden zu den Inseln der Sehnsucht, auf die man sich rettet, um den Widrigkeiten des Arbeitsalltags am nächsten Tag überhaupt standhalten zu können. Die Belohnung für das alltägliche Zusammenreißen und Erdulden muss zwangsläufig im Freizeitbereich gesucht werden. Da entschädigen die extravaganten Hobbys vermeintlich für die Unannehmlichkeiten während der Arbeitszeit. Und je belastender die Situation beruflich erlebt wird, umso größer müssen die Entschädigungen im Privatbereich ausfallen. Außergewöhnliche Urlaubsreisen etwa sollen dann dafür herhalten, die innere Leere zu füllen (»Mein Haus, mein Boot, mein Reitpferd«!). Nur funktioniert das leider nicht.

In einem meiner Seminare für Führungskräfte befand sich einmal ein selbstständiger Zahnarzt, der sehr plastisch schilderte, wie extrem ihn dieser Beruf und die finanzielle Belastung der eigenen Praxis unter Druck setzten. Gleichzeitig träumte er von großen, schnellen Autos und gönnte sich zum Ausgleich für seine harte Arbeit schon bald einen Porsche: »Wenn ich mir den ganzen Stress hier schon antue, dann will ich dafür zum Ausgleich auch meinen Spaß haben!« Es dauerte allerdings nicht lange, bis der Spaß, den ihm dieses Auto bereitete, ausgeschöpft war – und ein zweiter Porsche her musste. Wir hörten alle sehr gebannt seinen Schilderungen zu und plötzlich wurde es im Seminar ganz still, als er abschließend sagte: »Ich hatte schon zwei nagelneue Sportwagen in der Garage und habe vom dritten Porsche geträumt. Das war der Punkt, an dem ich die Reißleine gezogen habe. Ich bin dann mit einem handfesten Burn-out für mehrere Wochen in stationäre Behandlung gegangen. Heute fahre ich zwar immer noch ein Porsche-Cabrio, aber das ist 15 Jahre alt. Inzwischen arbeite ich halbtags als angestellter Zahnarzt und bin froh, die Belastungen der Selbstständigkeit los zu sein.«

Wenn Sie solche Tendenzen bei sich selbst bemerken, sollten Sie aufpassen, dass Sie nicht langsam aber sicher ebenfalls in einen Burn-out oder in eine solide Identitätskrise hineinsteuern. Sie werden so zum Opfer eines Psychotricks, denn selbst die verheißungsvollsten Attraktionen schaffen letztlich doch keinen Ausgleich, weil sie im Grunde genommen nur Ablenkungen vom eigentlichen Missstand sind. Das ist ein bisschen so, als wenn Sie fremdgehen oder sich eine Parallelbeziehung suchen, um die Spannungen in Ihrer Partnerschaft aushalten zu können. Das funktioniert auf Dauer nicht. In diesem Zusammenhang ist es ein deutliches Warnsignal, wenn Sie immer größere Scheinbelohnungen benötigen, die letztendlich aber doch keine wirkliche Befriedigung schaffen. Sie essen immer mehr und werden dennoch nicht satt. Dann kann es durchaus angezeigt sein, einmal über eine Veränderung der Ursprungssituation nachdenken.

Neue Kurspeilung: Den Blickwinkel wechseln

Sie kennen vielleicht »Die Abenteuer von Tom Sawyer«, die der amerikanische Schriftsteller Mark Twain, der mit bürgerlichen Namen eigentlich Samuel L. Clemens hieß, geschrieben hat. In diesem Buch, das im Jahr 1876 erschien, gibt es gleich zu Beginn eine Episode, in der Tom Sawyer von seiner Tante Polly eine Strafarbeit für eine Rauferei aufgebrummt bekommt. Er muss am Samstag, wenn alle anderen Jungen frei haben, den riesigen Gartenzaun mit weißer Kalkfarbe anstreichen. Dies ist eine anstrengende und erniedrigende Arbeit für Tom und er wird von seinen Freunden erwartungsgemäß verspottet. Tom erklärt aber mit großer Ernsthaftigkeit jedem Jungen, der vorbeikommt und sich über ihn lustig macht, wie schwierig diese Arbeit sei und dass er sie keinesfalls als Strafe, sondern als Auszeichnung empfinde. Es sei eine durchaus komplizierte Aufgabe, die nicht jeder lösen könne. Die Jungen werden dadurch neugierig und wollen nun ihrerseits gern den Zaun streichen. Dafür bieten sie Tom als Bezahlung allerlei Tauschgegenstände aus ihren Hosentaschen an. Nach anfänglichem Zögern lässt Tom sich doch »überreden«, den Pinsel abzugeben. Am Ende ist der Zaun von zahlreichen Jungen mehrfach überstrichen, während Tom es sich im Gras bequem gemacht hat. Zudem ist er stolzer Besitzer vieler Schätze geworden, die die Jungen für das Privileg, auch einmal den Zaun streichen zu dürfen, bereitwillig hergeschenkt haben. Aus den Ereignissen dieses Tages nimmt Tom Sawyer eine wichtige Erkenntnis mit: »Er hatte, ohne es zu wissen, ein wichtiges Gesetz entdeckt, welches das menschliche Handeln bestimmt, dass nämlich um das Begehren eines Mannes oder Jungen nach etwas zu wecken, weiter nichts nötig ist, als die Sache schwer erreichbar zu machen.« (Twain, S. 23)

Diese Geschichte ist ein treffliches Beispiel für eine Technik, die ursprünglich in der Systematischen Familientherapie beheimatet ist und auf Virginia Satir, eine der bedeutendsten Familientherapeutinnen, zurückgeht. Die Rede ist vom »Reframing«, was so viel wie »Umdeutung« meint und sich aus dem englischen Begriff für Bilderrahmen (»frame«) ableitet.

 **Durch die Umdeutung wird einer Situation ein anderer Sinn zugeschrieben, indem man versucht, die Situation in einem anderen Kontext oder »Rahmen« zu sehen.**

Das verhält sich wie bei einem Bilderrahmen, der unseren Blick einschränkt und auf einen bestimmten Ausschnitt des Gesamtbildes lenkt. Wenn es uns gelingt, diese geistigen Scheuklappen abzulegen und dem Ganzen einen anderen Rahmen zu geben, findet ein »Reframing« statt. Es können neue Sichtweisen und Deutungen der Realität entstehen. So lassen sich auch Szenen zwischen Personen aus einem anderen Blickwinkel sehen, was den Beteiligten einen veränderten Umgang damit ermöglicht. Indem Tom Sawyer die Aufgabe des Zaunstreichens von der erniedrigenden Strafarbeit in eine bedeutungsvolle Auszeichnung umdeutet, passieren zweierlei Dinge:

- Zum einen wertet er die Tätigkeit für sich selbst auf und erhöht damit eventuell sogar seine eigene Motivation.
- Zum anderen nimmt er damit auch einen Einfluss auf die Sicht- und Verhaltensweisen der anderen Jungen – und verändert damit die gesamte Situation.

In der Rolle der Führungskraft kann das Reframing für Sie gleichermaßen Segen und Fluch sein. Auf der einen Seite kann es Ihnen helfen, bestimmte Verhaltensweisen Ihrer Mitarbeiter in einem anderen Licht zu sehen und anders darauf zu reagieren. Dies funktioniert immer dann besonders gut, wenn es Ihnen gelingt, die positive Absicht hinter einem von Ihnen als negativ bewerteten Verhalten zu sehen. Der nervtötende Besserwisser in Ihrem Team kann beispielsweise zu einem hilfreichen Informationsergänzer umgedeutet werden. Aus dem kleinkarierten Pedanten wird vielleicht ein willkommener Perfektionist und die redselige Quasselstrippe lässt sich auch als lebenslustige Frohnatur mit dem Herz am rechten Fleck verstehen.

Damit meine ich keineswegs, dass Sie sich kritische Situationen oder Verhaltensweisen Ihrer Mitarbeiter schönreden sollen. Wenn Sie es aber schaffen, in solchen Situationen Ihren Blickwinkel zu verändern und Ihrer Bewertung einen neuen Rahmen zu geben, kann diese veränderte innere Haltung zu einem veränderten äußerlichen Verhalten führen. Sie reagieren dann eventuell nicht mehr so schnell genervt und können dem anderen mit mehr Gelassenheit oder vielleicht sogar mit verhaltenem Wohlwollen begegnen. Ich werde auf das Thema noch zurückkommen. Sollte es Ihnen anfangs schwerfallen, eine Situation positiv umzudeuten, nehmen Sie sich ein Beispiel an manchen Hundebesitzern, die die Disziplin des Reframings bis zur Perfektion beherrschen – zum Beispiel, wenn deren tollwütige Bestie in vollem Lauf mit gefletschten Zähnen auf Sie zuprescht. Wenn dieser Zerberus direkt Kurs auf Ihre Halsschlagader nimmt, verstehen es jene Hundebesitzer perfekt, die Situation umzudeuten, indem Sie Ihnen fröhlich zurufen: »Keine Sorge, der will bloß spielen!«

Achten Sie darauf, dass Ihren Handlungen durch Reframing keine unlauteren Absichten unterstellt werden können.

In Ihrem Führungsalltag werden Sie fast zwangsläufig mit den Schattenseiten dieser Technik konfrontiert. Denn was Sie für sich selbst ganz bewusst und im positiven Sinne einsetzen können, funktioniert auch in umgekehrter Richtung – und mit negativem Vorzeichen. Sie werden dann meistens mit den Umdeutungen aus Ihrem Umfeld konfrontiert, und zwar immer dann, wenn Ihrem Handeln eine unlautere Absicht als Hintergrund unterstellt wird. Auch hier findet ein Reframing statt, indem Ihr Gegenüber Ihr Verhalten in seinem jeweiligen Rahmen sieht. Ihre Mitarbeiter oder Kollegen schauen aus ihren eigenen Blickwinkeln auf Sie und kommen dabei unter Umständen zu vollkommen anderen Interpretationen. Wenn Sie zum Beispiel einen guten Tag haben und einfach nur nett zu Ihrer Umgebung sein wollen, kann dies dennoch anders wahrgenommen werden (»Der ist ja nur so freundlich, weil er etwas von mir will«).

Oder stellen Sie sich vor, Sie haben sich nach reiflicher Überlegung mit schwerem Herzen und reinem Gewissen zu Einsparungen in Ihrem Unternehmen entschlossen. Ihre Absichten sind im Grunde genommen sogar durchaus ehrenwert, da Sie auch in schwierigen Zeiten das

Wohl aller Beteiligten und den langfristigen Fortbestand Ihres Unternehmens im Auge haben. Trotzdem werden Sie es kaum verhindern können, dass einige Mitglieder Ihrer Belegschaft dahinter eine niederträchtige Absicht argwöhnen: »Diese fragwürdigen Sparmaßnahmen dienen doch in Wirklichkeit nur dazu, die hohen Bonuszahlungen für die Chefetagen zu sichern!« Transparenz und Kommunikation helfen dann, diese negativen Sichtweisen entweder gar nicht erst aufkommen zu lassen oder zumindest auf ein überschaubares Maß zu begrenzen. Außerdem haben Sie in einem Unternehmen mit einer soliden Vertrauensbasis bessere Aussichten auf ein positives Reframing Ihrer Mitarbeiter. In jedem Fall jedoch können Sie davon ausgehen, dass es im zwischenmenschlichen Kontext keine objektive Wahrheit gibt, sondern dass das gemeinsame Miteinander immer von unterschiedlichen Wahrnehmungen und Interpretationen beeinflusst wird. Das eröffnet andererseits auch immer wieder neue Spielräume und schafft gemeinsame Freiheiten.

 **Somit lohnt es sich einmal mehr, in eine Führungskultur zu investieren, die auf Führung auf Augenhöhe basiert.**

7. Auf dem sinkenden Schiff: Zwickmühlen und Paradoxien

Darum geht es jetzt!

Wie Sie es vermeiden, in den Strudel der Ausweglosigkeit zu geraten. Die Stolperstellen der Hierarchie entdecken – und ihnen ausweichen. Was es mit der Chemie zwischen Ihnen und Ihren Mitarbeitern auf sich hat.

Im Strudel der Ausweglosigkeit

Sie können ihm überall begegnen. In London am Ufer der Themse oder in Venedig auf der Ponte dell'Accademia beim Überqueren des Canal Grande. Sie finden ihn auf dem Alexanderplatz in Berlin vor dem Fernsehturm oder auf der Fifth Avenue in New York. Überall dort, wo sich Touristen ansammeln, ist auch er immer mal wieder zu finden: der Hütchenspieler. Meistens ist er mit drei Nussschalen oder Streichholzschachteln, den sogenannten Hütchen und einer kleinen Kugel oder Erbse ausgestattet. Sein Ziel ist es, Passanten zum Mitspielen und Wetten zu bewegen. Die Spielregeln sind einfach: unter einem der drei Hütchen wird die Kugel positioniert; anschließend werden die Hütchen schnell miteinander vertauscht oder verschoben. Der Mitspieler soll dann einen höheren Geldbetrag auf das Hütchen setzen, unter dem er die Kugel vermutet. Hat er richtig gesetzt, verdoppelt sich sein Einsatz; liegt er falsch, verliert er ihn.

Das hört sich ja zunächst einmal recht einfach an. Der Haken an der Sache ist nur, dass es sich nicht um ein Glücks- oder Geschicklichkeitsspiel handelt, sondern dass hier professionelle Betrügergruppen am Werk sind. Auch die anderen Mitspieler, die als Lockvögel hohe Gewinne erzielen, gehören dazu und versuchen Passanten zum Mitspielen zu animieren. Der Spieler hat in Wirklichkeit überhaupt keine Chance, weil sich unter den Hütchen beim Hin- und Herschieben meist noch gar keine Kugel befindet. Diese hat der Hütchenspieler nämlich vorher heimlich herausgenommen, er platziert sie erst dann wieder geschickt darunter, wenn der Spieler seinen Tipp schon abgegeben hat. Egal, worauf dieser setzt, er verliert seinen Einsatz jedes Mal, denn die Kugel befindet sich auf unerklärliche Weise immer genau dort, wo er sie nicht vermutet hat. Das Hütchenspiel ist ein typisches Beispiel für eine ausweglose Can't-win-Situation. Die einzige Chance, nicht zu verlieren, besteht darin, das Spiel überhaupt gar nicht erst mitzuspielen.

In meinen Vorträgen zum Thema »Führen ohne Psychotricks« demonstriere ich das Hütchenspiel manchmal auf der Bühne in abgewandelter Form mit drei überdimensionalen Spielkarten. Da gibt es zwei schwarze Könige und eine rote Dame. Ich zeige die Karten vor, drehe sie um und vertausche ihre Positionen vor aller Augen. Dann sollen die Zuschauer raten, wo sich die rote Dame befindet. In der Mitte, rechts oder links. Und wie Sie wahrscheinlich jetzt schon vermuten, liegen die Zuschauer mit ihrem Tipp immer falsch. Die rote Dame befindet sich jedes Mal genau dort, wo niemand mit ihr gerechnet hätte. Es ist wie verhext. Selbstverständlich gibt es auch hier einen kleinen Trick, auf den ich jetzt nicht näher eingehen möchte. Es wird aber allen sehr schnell klar, dass es sich hier um eine ausweglose Situation handelt.

Vielleicht kennen Sie solche Auswegslosigkeiten auch aus eigener Erfahrung. Zum Beispiel, wenn Sie des Nachts noch unterwegs sind und Sie plötzlich der Hunger überfällt. Zu dieser Tageszeit ist das Angebot der erlesenen Speiselokalitäten stark limitiert und Sie haben meistens nur noch die Wahl, bei welcher der verschiedenen Fastfood-Ketten Sie sich jetzt den Magen verderben wollen. Auswegslose Situationen finden sich schon in der griechischen Mythologie bei den beiden Meeresungeheuern Skylla und Charybdis, die in der Straße von Messina lebten und jeweils eine Seite der Meerenge besetzten. Da hatten die armen Seefahrer dann die großartige Auswahl, sich entweder von der sechsköpfigen Skylla auffressen oder doch lieber von Charybdis in die Tiefe ziehen zu lassen. Das waren vermutlich schon damals keine so besonders verlockenden Aussichten. Skylla oder Charybdis, Pest oder Cholera, McDonald's oder Burger King. Ganz gleich, welche Entscheidungen Sie treffen, am Ende kommt immer ein unbefriedigendes Ergebnis für Sie heraus. Fast so wie im Mittelalter, als die »Heilige Inquisition« mit ihren abstrusen und haarsträubenden Methoden versuchte, vermeintliche Hexen zu entlarven. Mit allerlei dubiosen Mitteln versuchte man den Beweis zu führen, dass manche Frauen mit dem Teufel im Bunde standen. Eine besonders verlässliche Methode soll es damals gewesen sein, die fragwürdige Person mit einem Gewicht am Körper ins tiefe Wasser zu werfen. Ging sie unter und ertrank, war ihre Unschuld bewiesen und ein Platz im Himmel war ihr sicher. Falls sie überlebte, war der Beweis erbracht, dass irgendetwas nicht mit rechten Dingen zugehen konnte und teuflische Mächte am Werk sein mussten. Und dann wurde sie auf dem Scheiterhaufen als Hexe verbrannt. Auch eine klassische Can't-win-Situation.

 **Glücklicherweise haben die Auswahlverfahren inzwischen etwas an Härte verloren. Dennoch gibt es auch heutzutage im beruflichen Kontext immer wieder solche Can't-win-Konstellationen.**

Das trifft insbesondere dann zu, wenn Sie als Manager eine Entscheidung treffen müssen und die Optionen sehr begrenzt sind. Sie können sich dann häufig nur für das geringere Übel entscheiden und müssen abwägen, mit welcher Auswahl Sie sich vermutlich die wenigsten Nachteile einhandeln. Gerade in komplexen Situationen ist ohnehin nicht damit zu rechnen, dass es einen Königsweg gibt. So, als hätten Sie die freie Auswahl zwischen vielen Nieten und dem Hauptgewinn. Wenn Sie beispielsweise eine Stelle ausschreiben und sich mehrere Personen auf diese Stelle bewerben, steht am Ende des Auswahlprozesses ja auch nicht der Superstar, den Sie jetzt nur noch unter Vertrag nehmen müssen. Die Realität sieht doch vielmehr so aus, dass Sie zum Schluss eine Handvoll Personen mit unterschiedlichen Stärken und Schwächen in der engeren Auswahl haben und auch hier die Vor- und Nachteile gegeneinander abwägen müssen.

Natürlich könnten wir hier jetzt noch länger und sehr ausgiebig über die schwierigen Rahmenbedingungen lamentieren, mit denen Sie sich als armer Chef tagtäglich herumplagen müssen. Aber halten wir uns ruhig mit dem Mitleid etwas zurück, denn dies ist doch ein wesentlicher Teil Ihrer Führungsaufgabe: Verantwortung übernehmen, schwierige Entscheidungen treffen und immer wieder versuchen, die möglichen Konsequenzen Ihres Handelns vorherzusehen. Das ist doch der ganz normale Führungsalltag.

> Wer sich mutwillig ausweglosen Dilemma-Situationen aussetzt, ist anfällig für Psychotricks.

Manchmal erwischt Sie selbst als Kapitän aber auch die »volle Breitseite« und bringt Sie in eine nahezu chancenlose Dilemma-Situation. Dies kann immer dann geschehen, wenn es zu Unregelmäßigkeiten oder gar kriminellen Machenschaften in Ihrem Unternehmen gekommen ist. Dann geraten Sie als Verantwortlicher ganz schnell in eine Zwickmühle. Entweder, Sie haben von den unlauteren Machenschaften gewusst und sie somit gebilligt. Dann haben Sie unethisch oder sogar unrechtmäßig gehandelt und Ihre Daseinsberechtigung als moralisch integre Führungspersönlichkeit verwirkt. Sie sind für das Unternehmen nicht mehr tragbar und müssen Ihren Posten räumen. Oder Sie haben von alledem nichts gewusst und wollen jetzt Ihre Hände in Unschuld waschen. Dies ist leider gleichfalls ein Beleg für Ihre Führungsschwäche, weil Sie offenbar im eigenen Haus nicht Bescheid wissen und damit Ihren Laden nicht im Griff haben. Dabei spielt es keine Rolle, ob Sie tatsächlich nichts davon mitbekommen haben oder jetzt nur Unschuld heucheln, denn letztlich tragen Sie die volle Verantwortung. Hier droht Ihr Kahn mit Mann und Maus unterzugehen, weil solche Dilemma-Situationen auch immer die Stunde der Oppositionellen und der Chefsessel-Säger sind. Jetzt wittern alle diejenigen Morgenluft, denen Sie schon länger ein Dorn im Auge sind und die auf Ihren Posten schielen. Eine einzigartige Gelegenheit, Sie zu demontieren und aus der zweiten Reihe gefahrlos mit Vorwürfen zu agieren. Sowohl in der Businesswelt als auch in der Politik gibt es deshalb kaum einen Skandal, der nicht von lautstarken und medienwirksamen Forderungen nach einem Rücktritt oder Austausch des Verantwortlichen flankiert wird. Oftmals sogar mit einer hohen Chance auf Erfolg.

Immer weiter: Der Aufstieg bis zur Inkompetenz

Menschen in Hierarchien steigen prinzipiell immer weiter auf, solange sie ihren Job gut machen und damit den Anschein vermitteln, dass sie auch für die nächste höhere Stufe eine geeignete Besetzung wären. Wenn sich diese Annahme in der Realität bestätigt, ist alles gut, und der Mitarbeiter wird vielleicht auch bei einer später anstehenden Beförderung wieder in die engere Wahl gezogen. Was aber, wenn sich der Auserwählte im Nachhinein doch als Fehlbesetzung erweist? Wenn er sich als Niete in Nadelstreifen entpuppt und die in ihn gesetzten Erwartungen doch nicht erfüllt? Dann hat er das Ende seiner Karriereleiter erreicht und wird in aller Regel auch nicht mehr weiter befördert. Allerdings wird in den seltensten Fällen eine Zurückstufung in die frühere Ebene erfolgen. Stattdessen bleibt er jetzt auf seinem Posten, für den er eigentlich ungeeignet ist und dessen Ansprüche ihn überfordern. Mitunter bleibt er dort jetzt so lange, bis ihn und das Unternehmen die Gnade des Renteneintritts erlöst.

Der kanadisch-US-amerikanische Lehrer und Professor Laurence J. Peter hat sich schon in den 1970er-Jahren mit den Mechanismen in hierarchischen Strukturen auseinandergesetzt. Wenngleich zum damaligen Zeitpunkt viele Unternehmen noch deutlich mehr Hierarchieebenen hatten und nicht so starken Veränderungsprozessen wie heute ausgesetzt waren, ist das »Peter-Prinzip« auch durchaus auf aktuelle und flachere Unternehmensstrukturen anwendbar (Peter, Hill). Peter ging davon aus, dass Menschen in Hierarchien entsprechend ihrer Kompetenz immer weiter aufsteigen. Ein kompetenter Sachbearbeiter wird bei entsprechender Qualifikation vielleicht zum Gruppenleiter aufsteigen. Der geeignetste Gruppenleiter steigt vielleicht auf eine vakante Abteilungsleiterposition auf und wird, sofern er auch dort seinen Job gut macht, irgendwann zum Regionalleiter befördert. Dies war zur damaligen Zeit keine Seltenheit, da – wie schon erwähnt – viele Mitarbeiter ihr gesamtes Berufsleben in einer Firma verbrachten und dort die einzelnen Karriereschritte machen konnten, obwohl es nicht immer vom »Tellerwäscher« bis zum »Millionär« ging.

Was heißt das jetzt für die Businesswelt? Folgt man dem Peter-Prinzip, so gibt es eigentlich nur zwei Arten von Mitarbeitern:

- Die einen, die ihre Arbeit kompetent erledigen und auf ihrem aktuellen Posten lediglich auf der Durchreise sind, während sie noch auf ihrer persönlichen Karriereleiter aufsteigen.
- Und die anderen, die bereits bis zur Stufe ihrer Inkompetenz emporgestiegen sind und dort die Abläufe und die Weiterentwicklung eines Unternehmens eher behindern.

Ich lade Sie in diesem Zusammenhang zu einer kleinen Übung ein: Gehen Sie doch einmal gedanklich die Mitarbeiter in Ihrem direkten Umfeld durch: Können Sie vermuten, wer von ihnen schon seinen Zenit überschritten hat und wer noch Potenzial für höhere Positionen mitbringt? Sehen Sie.

In diesem Mechanismus steckt ein Psychotrick, mit dem Sie vielleicht einmal selbst konfrontiert werden könnten – wenn man nämlich mit Ihrer Arbeit unzufrieden sein sollte: Dann wird Ihnen unter Umständen eine neue Position angeboten, um Sie von einer Stelle, die Sie nicht mehr zufriedenstellend besetzen, wegzubekommen. So kann es passieren, dass man entweder versucht, Sie auf einem Abstellgleis ruhig zu stellen (wofür zum Beispiel Stabstellen besonders gut geeignet erscheinen). Oder man macht Ihnen ein Angebot für eine höhere Position, auf der Sie sich aber überfordert und nicht ausreichend qualifiziert fühlen. Im zweiten Fall ist besondere Vorsicht geboten: Es ist wichtig, sich vorher durch ein »Training on the Job« die notwendige Kompetenz überhaupt erst einmal anzueignen. Ansonsten sind auch Sie – zumindest in diesem Unternehmen – auf der Stufe Ihrer persönlichen Inkompetenz angekommen. Sie haben das Nirwana der eigenen Unfähigkeit erreicht, und es ist nur noch eine Frage der Zeit, bis es auch Ihr Umfeld spitzkriegen wird.

Das Peter-Prinzip und die Mechanismen der Beförderung auf der Stufe der Inkompetenz bereiten den Boden für Psychotricks.

In hierarchischen Firmenstrukturen gibt es für Sie als dynamische, kompetente und aufstrebende Führungskraft ein weiteres Problem: Je weiter Sie den Olymp der Führung erklimmen, desto dünner wird die Luft da oben. Das gilt gerade dann, wenn Sie Ihre Zielposition noch nicht erreicht haben und auf dem Weg zum nächsthöheren Karriereschritt sind. Je höher Ihre Position, desto mehr

Verantwortung tragen Sie in den meisten Fällen auch. Umso mehr Menschen sind Ihnen unterstellt und von Ihren Entscheidungen betroffen. Dies führt zwangsläufig dazu, dass Sie immer weniger echte, ungefilterte Rückmeldungen erhalten. Viele Menschen in Ihrer direkten Umgebung haben die Aufgabe, Ihnen oder dem Management in irgendeiner Form zuzuarbeiten bzw. Sie in Ihrer Tätigkeit zu unterstützen. Da passiert es dann immer wieder, dass sich Ihre engen Mitarbeiter nach den Prinzipien des vorauseilenden oder vorherahnenden Gehorsams verhalten. Man ahnt schon vorweg oder glaubt zu wissen, was jetzt das Richtige sei, um Sie zufriedenzustellen. Je nachdem, wie Sie als Führungskraft persönlich gestrickt sind, verhalten sich Ihre Mitarbeiter so, wie sie glauben, dass Sie als Chef es gern hätten. Vieles von dem, was Ihnen gegenüber geäußert oder getan wird, muss erst einmal den eigenen gedanklichen Zensor passieren. Die Menschen wollen sich bei Ihnen nicht unbeliebt machen und nicht die eigene Position und den eigenen Arbeitsplatz gefährden – und verhalten sich entsprechend.

 **Obwohl Wirtschaftsunternehmen künstlich geschaffene Arbeitsgemeinschaften sind, unterliegen sie dennoch ähnlichen Mechanismen wie andere soziale Systeme. Sie haben die Tendenz, sich selbst erhalten zu wollen.**

Mitarbeiter, deren Existenz von ihrem Job anhängt, werden naturgemäß nicht an dem Ast sägen, auf dem sie selbst sitzen. Sie sollten deshalb Offenheit und Opposition nur innerhalb gewisser Grenzen erwarten. Man will es sich ja nicht mit Ihnen verscherzen. Und wer weiß, welche weitreichenden Konsequenzen die eigene Aufmüpfigkeit noch haben wird. Da ist nicht nur alles denkbar, sondern auch alles möglich. Schließlich kann der Kollege, vor dem Sie sich eben noch im Vertrauen mit Ihrem Kurzurlaub auf Krankenschein gebrüstet haben, schon morgen Ihr neuer Chef sein. Es wäre nicht das erste Mal, dass ist eine vielversprechende Karriere aufgrund allzu offener Postings oder Fotos in den sozialen Medien ein jähes Ende findet.

In der Führungsposition brauchen Sie jedoch die offenen und kritischen Stimmen, um die richtigen Entscheidungen zu treffen. Deshalb ist es wichtig, in Ihrem Umfeld auf die Zwischentöne zu achten und interessiert nachzufragen. Wenn Sie bereit und in der Lage sind, wirklich hinzuhören, werden Sie auch innerhalb des eigenen Dunstkreises wertvolle Informationen bekommen. Ansonsten wachen Sie irgendwann erst im freien Fall aus Ihrem ganz persönlichen La-La-Land wieder auf, weil niemand Sie darauf hingewiesen hat, dass Sie mit der aktuellen Strategie vielleicht auf einen Abgrund zusteuern.

Wenn die Chemie nicht stimmt

Besonders interessant wird es, wenn in Ihrem beruflichen Umfeld zudem Sympathien oder Antipathien ins Spiel kommen. Haben Sie sich schon einmal gefragt, warum Ihnen manche Menschen schon beim ersten Kontakt auf Anhieb unsympathisch sind? Und das, obwohl Sie noch gar nichts über sie wissen können, weil Sie bisher nur einen ersten Eindruck gewinnen konnten.

 **Auf der Suche nach persönlichen Fallstricken kommen Sie an zwei potenziellen psychologischen Glatteisstellen nicht vorbei: der Übertragung und der Projektion.**

Dies sind zwei Phänomene, denen wir alle mehr oder minder ausgesetzt sind und mit denen Sie als Führungspersönlichkeit besonders oft zu tun haben. Bei der Projektion werden eigene unbeliebte Persönlichkeitsanteile auf das Gegenüber projiziert, dort übermäßig groß wahrgenommen und abgelehnt. Klingt irgendwie kompliziert. Vielleicht ein Beispiel gefällig? Angenommen, Sie sind etwas pedantisch, aber mögen diese Eigenschaft an sich selbst nicht so recht. Dann kann es passieren, dass Ihnen andere pedantische Menschen besonders auf die Nerven fallen und Sie sich auch gern darüber echauffieren: »Mein Gott, was für ein kleinkarierter Erbsenzähler!« Auf diese Weise können Sie die eigene, ungeliebte Charaktereigenschaft ganz bequem dem anderen unterjubeln und sie dort auch noch nach Herzenslust schlechtmachen. Es fällt uns einfach leichter, jemand anderen mit diesen Eigenschaften unsympathisch und blöd zu finden als uns selbst. Das läuft nach dem Motto: »Was ich an mir selbst nicht leiden kann, das häng' ich gern dem anderen an.«

Beim Phänomen der Übertragung geht es um Erlebnisse und Emotionen aus dem »Dort und Damals«, die ins »Hier und Jetzt« übertragen werden. Noch ein Beispiel? Aber gern: Wenn Ihre erste große Liebe eine hochgewachsene Brünette mit dunklen Augen war und Sie damals tief enttäuscht hat, weil sie mit Ihrem besten Freund durchgebrannt ist, kann es sein, dass Sie die junge brünette Praktikantin mit den dunklen Augen an Ihre damalige Freundin erinnert – und Sie sie deshalb nicht leiden können. Bei Damen soll es ähnliche Fälle geben!

Nun können Sie natürlich sagen, dass Sie das alles gar nicht betrifft, weil Sie sich Ihrer persönlichen Mechanismen durchaus bewusst sind und über die Fallstricke der Übertragung und Projektion allein deshalb schon nicht so einfach stolpern werden. Das mag vielleicht für Sie selbst sogar noch zutreffen. Allerdings werden Sie sich in der Führungsrolle kaum dagegen wehren können, dass andere Personen aus Ihrem Umfeld damit zu tun bekommen. Im Hinblick auf Ihre Mitarbeiter sollten Sie sich zudem bewusst machen, dass Sie als Chef auch immer ganz hervorragend als Projektionsfläche für andere geeignet sind.

 **Durch Ihre Autorität und Ihre exponierte Position bieten Sie sich geradezu dafür an, um zwischen Ihnen und anderen Autoritätspersönlichkeiten in der Vergangenheit eine Parallele zu ziehen.**

Das kann der eigene Vater, der frühere Lehrer, der Sporttrainer, ein ehemaliger Lehrmeister, ein Bundeswehrvorgesetzter, ein Professor oder auch irgendein anderer Chef gewesen sein. Insbesondere wenn Ihr Mitarbeiter mit einem dieser Kandidaten schlechte Erfahrungen gemacht hat (was wahrscheinlich ist), werden Sie manchmal etwas von dem abbekommen, was eigentlich an die Adresse einer anderen Führungsperson gerichtet sein müsste. Und plötzlich müssen Sie für etwas herhalten, was mit Ihnen eigentlich gar nichts zu tun hat. Vielleicht haben Sie durch eine Äußerung, eine bestimmte Geste oder eine Verhaltensweise bei Ihrem Mitarbeiter etwas ausgelöst, das dieser aus seiner Vergangenheit kennt und was ihn jetzt wieder »kalt erwischt«. Und schon stecken Sie in der entsprechenden Vorurteils-Schublade fest (»Chefs sind doch alle gleich!«). Dagegen können Sie nicht wirklich etwas tun, zumal dieser Vorgang bei Ihrem Gegenüber fast immer unbewusst abläuft. Denn wenn er sich dessen bewusst wäre, würde er nicht selbst in die Falle der Projektion tappen. Für Sie selbst ist es jedoch hilfreich zu wissen, dass dies nichts mit Ihnen persönlich zu tun haben muss. Sie sind nur der Auslöser – und nicht der Urheber dieser Emotionen. Das kann durchaus helfen, mit solchen Situationen gelassen und souverän umzugehen, ohne gleich in tiefe Selbstzweifel zu verfallen.

Prüfen Sie, ob Sie das Opfer einer Projektion oder einer Übertragung geworden sind.

Woran können Sie nun selbst merken, ob Sie Opfer einer solchen Projektion geworden sind oder tatsächlich mit Ihrem Verhalten danebengelegen haben? Im Coaching verwende ich dazu eine Übung, die Sie auch für sich selbst ausprobieren können. Damit lässt sich ganz gut feststellen, ob ein Übertragungsphänomen vorliegt. Mal angenommen, ein Mitarbeiter berichtet Ihnen in einem vertraulichen Jahresgespräch, dass er sich von Ihnen in bestimmten Situationen »von oben herab behandelt« und »zu Unrecht kritisiert« fühle. Auf Ihre Nachfrage wird zudem deutlich, dass er Sie stellenweise für »arrogant und engstirnig« hält. Er sei zwar im Grunde mit der Zusammenarbeit recht zufrieden, allerdings gebe es immer mal wieder Situationen, in denen Sie in Ihrer Vorgesetztenrolle »völlig unangemessen den Chef raushängen« lassen würden. Diese Situationen machen ihm sehr zu schaffen und er habe sogar schon an Kündigung gedacht.

Bestimmt sind Sie zur Selbstkritik fähig: Halten Sie darum doch bitte einen kurzen Moment inne und fragen sich: »Und? Klingelt da was bei mir? Kann ich diese Kritik in irgendeiner Form mit mir in Verbindung bringen?« Vielleicht können Sie jetzt mit fast unbeteiligter Gelassenheit so etwas antworten wie: »Nein. Da meldet sich bei mir überhaupt nichts.« Und wenn dann sogar noch ein bisschen Ratlosigkeit mitschwingt und Sie ergänzen können: »Und ich weiß auch überhaupt nicht, wie der andere darauf kommt. Mit mir hat das irgendwie gar nichts zu tun …« – ja, dann ist das fast immer ein Hinweis darauf, dass Sie das Opfer einer Übertragung oder Projektion geworden sind. Da hat die Reaktion des Mitarbeiters vermutlich sehr viel mehr mit dessen eigener Geschichte als mit Ihrem Führungsstil zu tun. Das ist eine wichtige Erkenntnis, um als Führungskraft zunächst innerlich und dann später sicher auch äußerlich mit dieser heftigen Kritik angemessen umgehen zu können.

Falls Sie bei sich selbst feststellen sollten, dass Sie auf bestimmte Personen mit besonderer Sympathie oder Antipathie reagieren, ist es durchaus sinnvoll, einmal nach Parallelen zu Personen oder Situationen in Ihrer eigenen Geschichte zu suchen. Sie können sich dann selbst fragen: »Gab es früher in meinem Leben jemanden, an den mich diese Person erinnert?« oder: »Kenne ich dieses Gefühl, das diese Person aktuell bei mir hervorruft, von irgendwoher?« und: »In welchen Zusammenhängen habe ich mich früher so oder so ähnlich gefühlt?«.

Wenn Sie sich mit diesen Fragen intensiv beschäftigen, kommen Ihnen vielleicht schon die ersten Hinweise in den Sinn. Das ist für Ihre aktuelle Situation sehr wichtig, weil es Ihnen hilft, die Gefühle dort zu lassen, wo sie eigentlich ursprünglich herkommen, und sie nicht mit jemandem im Hier und Jetzt in Verbindung zu bringen, der damit gar nichts zu tun hat. So können Sie nachvollziehen, dass der andere zwar eine bestimmte Reaktion bei Ihnen auslöst, er aber nicht für Ihre Emotionen verantwortlich ist. Das explosive Gemisch, das Sie selbst aus der Vergangenheit mit sich herumtragen, hat er vielleicht nur durch eine Unachtsamkeit entzündet.

 **Wenn Sie die Mechanismen der Übertragung und Projektion durchschauen, bleiben Sie im Umgang mit Ihren Mitarbeitern souverän.**

8. Nur scheinbar leicht: Die Falle der einfachen Problemlösung

Darum geht es jetzt!
Von trügerischen schnellen Lösungen, Problemen erster und zweiter Ordnung – und damit unterschiedlichen Problemkalibern. Warum viel Geld nicht immer viel hilft und das Gehalt für den Mitarbeiter auch so etwas wie ein Psychotrick der Mitarbeiterführung sein kann.

Oh, wie trügerisch sind schnelle Lösungen

Solange in Ihrem Unternehmen oder Team alles zufriedenstellend läuft und der Dampfer auf Kurs ist, kommt die Mannschaft auch ohne ihren Kapitän klar. Sobald aber der im vierten Kapitel erwähnte »Eisberg« auftaucht und eine mit eigenen Mitteln gefundene Problemlösung ausbleibt, wird auf der nächsthöheren Ebene um Klärung gebeten. Dies ist der Moment, in dem beim Chef das Telefon klingelt oder die E-Mail mit der Priorität »Hoch« im Postfach landet. Denn eine Hauptaufgabe von Führungskräften ist schließlich, für das Troubleshooting Verantwortung zu übernehmen. Außerdem werden Führungspositionen nicht aus reiner Nächstenliebe verhältnismäßig hoch dotiert. Nun sitzen Sie in Ihrer Rolle als Führungskraft aber nicht wie bei der Feuerwehr ständig auf Abruf bereit und vertreiben sich die Zeit bis zum nächsten Notruf mit Kaffeetrinken, Kreuzworträtseln oder Billardspielen. Sondern Sie haben noch andere Tätigkeiten und Termine auf

Ihrem Tagesprogramm. Wenn dann der Alarmruf von Mitarbeiterseite erschallt, bedeutet dies fast immer eine Störung Ihres Arbeitsablaufs. Sofern dann auch noch persönliche Konflikte von Mitarbeitern oder Kunden betroffen sind, droht sich so eine Störung zu einem handfesten und damit unkalkulierbaren Zeitproblem auszudehnen. Da ist es nachvollziehbar, wenn Sie sich dieser unliebsamen Unterbrechung möglichst schnell entledigen wollen, um sich danach wieder Ihren eigentlichen Aufgaben zuwenden zu können. Vermutlich kennen Sie dieses Bedürfnis, nach einer schnellen und zuverlässigen Problemlösung Ausschau zu halten, um dann geradewegs darauf zuzusteuern, aus eigener Erfahrung.

Und genau hier liegt der nächste Fallstrick zum Drüberstolpern für Sie bereit: Zwar sind auch Führungskräfte an einer schnellen, kostengünstigen und konstruktiven Problemlösung interessiert. Aber: Für komplexe Probleme gibt es keine einfachen Lösungen. Und falls doch, ist es ein langer, mühsamer Weg dahin. Je vielschichtiger das Problem ist, je mehr Konfliktparteien involviert oder je unterschiedlicher die Interessen gelagert sind, desto komplexer wird auch die Suche nach Lösungen. Meistens ist dies eine Trivialität, die allen Betroffenen im Grunde auch vollkommen bewusst ist. Widerstehen Sie in diesem Moment deshalb dem eigenen Impuls, nach einer schnellen Zack-und-weg-Lösung zu greifen, selbst wenn alle Augen jetzt voller Erwartung auf Sie gerichtet sind. Denn auf Mitarbeiterseite besteht ebenfalls der Wunsch nach einer schnellen Klärung, damit alle wieder schnell und unbelastet zu ihrer Arbeit zurückkehren können. Aber so einfach funktioniert das eben leider nicht – auch wenn alle Beteiligten das gern so hätten.

Lassen Sie sich nicht durch einfache Problemlösungen blenden. Gerade wenn die Lösung einfach scheint, kommt Arbeit auf Sie zu.

Für einen professionellen Umgang kommt es jetzt vor allem darauf an, den Konflikt bzw. das Problem erst einmal klar zu benennen. Das allein ist oft schon ein mühsames Geschäft, denn hier geht es um das Herausarbeiten der unterschiedlichen Standpunkte und Sichtweisen. So etwas kostet Kraft und Zeit. Dennoch geht es in dieser Phase vor allem zunächst einmal »nur« darum, genau zuzuhören, zu verstehen und die momentane Lösungslosigkeit auszuhalten. Das heißt:

Für den Moment kollektiv ratlos und ohne greifbare Lösungsansätze dazustehen, stellt für alle Betroffenen eine große Herausforderung dar und wird deshalb auch keineswegs immer durchgehalten. Zu groß ist die Versuchung, sich auf die erstbesten Lösungsansätze zu stürzen und sich daran zu klammern. In den meisten Fällen zeigt sich jedoch erst bei genauerer Betrachtung, wie komplex die Angelegenheit tatsächlich ist. Das ist auch nachvollziehbar, denn wenn es sich um ein einfaches Problem handeln würde, wären Ihre Mitarbeiter vermutlich damit auch schon längst ohne Ihre Hilfe klargekommen. Insofern ist allein der Umstand, dass man Sie damit behelligt, schon ein Hinweis auf die Vielschichtigkeit der Problematik.

Dies birgt aber immer auch die Gefahr, dass Sie bei näherem Hinsehen die Lawine erst so richtig ins Rollen bringen. Da tun sich plötzlich menschliche und sachliche Abgründe mit ungeahnter Tiefe auf, und oftmals schlägt die Stimmung sogar in Ratlosigkeit oder Resignation um. Manch einer hätte dann doch das Fass lieber gar nicht erst aufgemacht. Jetzt schlägt die große Stunde des Kapitäns, in der er seine Führungsqualitäten unter Beweis stellen und sich den Respekt sowie die Anerkennung seiner Mannschaft verdienen kann. Denn nun ist es wichtig, trotzdem unerschrocken und mit Zuversicht gemeinsam am Ball zu bleiben und auf Ihre Kompetenz und die Ihrer Mitarbeiter zu vertrauen.

Erst wenn das eigentliche Problem wirklich deutlich herausgearbeitet ist und sich alle Beteiligten ausreichend gehört – und vor allem auch verstanden – fühlen, kann gemeinsam an einer Lösung des Problems gearbeitet werden. Paradoxerweise geht es meistens ganz schnell, konstruktive Lösungsansätze zu finden und die nächsten Schritte zu vereinbaren. Dass die gelungene Bearbeitung und Klärung des Problems naht, erkennen Sie daran, dass die Beteiligten anschließend mit großem Engagement und fast euphorisch an die Umsetzung der besprochenen und vereinbarten Lösungsansätze herangehen wollen. Wenn Sie zum Abschluss sicherstellen wollen, dass hier tatsächlich belastbare Vereinbarungen und Erfolg versprechende Lösungsansätze erarbeitet wurden, müssen Sie leider noch einmal die Rolle des Spielverderbers übernehmen.

 Auch, wenn alle um Sie herum schon erleichtert aufatmen, sollten Sie die gefundenen Ergebnisse noch einmal infrage stellen.

Eine hilfreiche Intervention, die ich selbst oft abschließend bei Konfliktmoderationen setze, ist die Frage:»Glauben Sie wirklich, dass das so funktionieren wird?« Erst wenn Ihnen jetzt überzeugende Argumente für die soeben getroffenen Vereinbarungen und Lösungsschritte genannt werden, können Sie von einer gelungenen Problemlösung ausgehen und sich wieder Ihrem Tagesgeschäft widmen – bis zum nächsten Läuten der Alarmglocke.

Probleme haben unterschiedliche Kaliber

Der österreichisch-amerikanische Kommunikationspsychologe Paul Watzlawick hat sich in seinem Buch»Lösungen« (1992) mit verschiedenen Problemtypen und deren Lösungsstrategien beschäftigt. Dabei unterscheidet er Probleme erster Ordnung und Probleme zweiter Ordnung. Bei den Problemen erster Ordnung handelt es sich um verhältnismäßig einfache Probleme, für die es dann dementsprechend auch nur einfache Lösungsstrategien braucht. Solch eine einfache Lösungsstrategie ist zum Beispiel»Mehr desselben«. Damit ist gemeint, dass Sie mit Ihrer einmal gewählten Lösungsstrategie nur beharrlich und oft genug dem Problem begegnen müssen, um eine Lösung herbeizuführen. Ein Beispiel: Nehmen wir an, Sie sparen auf ein neues Auto, weil sie keinen Leasingvertrag abschließen und auch keinen Kredit aufnehmen möchten. Dann werden Sie vielleicht monatlich eine bestimmte Summe für Ihr Auto auf Seite legen. Vielleicht legen Sie das Geld auf einem Sparbuch an oder deponieren es krisensicher unter Ihrer Matratze. Nun spielt es für das Prinzip der Problemlösung keine Rolle, wie teuer Ihr Auto letztlich sein wird und wie viel Sie monatlich dafür zurücklegen. Sie werden in jedem Fall mit dieser Strategie Ihr Ziel erreichen. Es ist letztlich nur eine Frage der Zeit und Ihres Durchhaltevermögens. In jedem Fall kommen Sie aber Ihrem Ziel – wenn auch nur in sehr kleinen Schritten – jeden Monat ein klein wenig näher. Vorausgesetzt, dass Sie sich nicht gerade für einen neuen Lamborghini Aventador S und eine monatliche Sparrate von 50 Euro entschieden haben. Denn in diesem Fall müssten Sie für das Erreichen des Kaufpreises von etwa 335 000 Euro ungefähr 558 Jahre lang sparen. Hier wäre dann allerdings der Vorteil, dass Sie sich in diesem sportlichen Alter um einen Posten als Schöffe beim Jüngsten Gericht bewerben können. Aber Spaß beiseite; ich denke, das Prinzip ist klar geworden:»Mehr desselben« führt bei dieser Art von Problemen irgendwann zum Ziel, weil bei dieser Strategie der Zeitfaktor vernachlässigt werden kann.

Was aber, wenn Sie mit dieser Strategie keinen Erfolg haben? Wenn auch unabhängig vom Zeitfaktor einfach keine Lösung des Problems in Sicht kommt? Vielleicht haben Sie stattdessen sogar den Eindruck, dass alles eigentlich immer nur noch schlimmer wird. Dann haben Sie es vermutlich mit einem Problem zweiter Ordnung zu tun; und hier verhält sich alles ganz anders. Denn hier geht es oftmals um Probleme, die durch eine zwischenmenschliche Dynamik entstehen. Wie zum Beispiel einst in Österreich: Wir schreiben das Jahr 1335 und die Herzogin von Kärnten, Margarete Maultasch, hat sich vorgenommen, die Burg Hochosterwitz in Kärnten einzunehmen. Da die Burg jedoch auf einem Felskegel liegt und nicht im Sturm zu erobern ist, entschließt sich Margarete zu einer Belagerung. Sie will niemanden mehr in die Burg hinein- oder von dort hinauslassen und mit ihren Truppen darauf warten, dass den Bewohnern der Burg irgendwann die Nahrungsmittel ausgehen und diese dann schon von selbst aufgeben. Tatsächlich wird nach einiger Zeit die Situation für die Belagerten auf der Burg immer bedrohlicher. Die Nahrungsmittel gehen zu Ende und es bleiben lediglich ein Ochse und zwei Säcke Getreide übrig. Es ist nur noch eine Frage der Zeit, bis die Burgbewohner zur Aufgabe gezwungen sein werden. Aber auch für Margarete wird die Lage langsam immer unhaltbarer. Die Belagerung dauert schon viel länger als erwartet und es gibt keinerlei Anzeichen für eine Kapitulation. Anscheinend haben die da oben auf der Burg doch viel mehr Nahrung als gedacht. Die Moral ihrer Truppen verlottert, und eigentlich hat sie auch noch andere Aufgaben auf dem Zettel. Für beide Seiten entsteht eine festgefahrene, aussichtslose Situation.

In seiner Verzweiflung entschließt sich der Burgfürst von Hochosterwitz zu einer Aktion, die alle Beteiligten für reinen Wahnsinn halten: Er befiehlt, den letzten Ochsen zu schlachten und die beiden Säcke mit Getreide in dessen Bauchhöhle zu stopfen. Dann lässt er das ganze Paket im hohen Bogen über die Burgmauer werfen – den Belagerern direkt vor die Füße. Können Sie sich vorstellen, was diese Aktion nun bei Margarete und ihren Truppen auslöst? Bei ihr entsteht der Eindruck, dass die da oben auf der Burg offenbar noch Lebensmittelvorräte in Hülle und Fülle haben. Sonst könnten sie ja wohl kaum in einer derart verhöhnenden Geste so verschwenderisch mit ihren Ressourcen um sich werfen. Es scheint mithin vollkommen ungewiss, wie lange sich die Belagerung noch hinziehen wird. Aber eines ist klar: So schnell werden die da oben nicht aufgeben müssen. Margarete erscheint eine weitere Belagerung aussichtslos, sie zieht mit ihren Truppen ab. Fazit: Das Problem ist auf höchst unorthodoxe Weise gelöst.

Zwar konnten trotz umfangreicher Bemühungen bis auf den heutigen Tag keine Zeitzeugen ausfindig gemacht werden, die den Wahrheitsgehalt dieser Episode bestätigen könnten. Dennoch wird an dem Beispiel deutlich, dass bei dynamisch-komplexen Problemen ein »Mehr desselben« nicht zu einer Lösung führen kann – weil eben ein Problem zweiter Ordnung vorliegt. Probleme zweiter Ordnung zeichnen sich dadurch aus, dass sie sich nicht so einfach mit den Strategien der Problemen erster Ordnung in den Griff bekommen lassen. Immer »Mehr desselben" führt dabei nicht nur nicht aus der Krise, sondern trägt stattdessen sogar erheblich zur Verschlimmerung der Situation bei. Streng genommen ist gerade dieser Lösung*versuch* das eigentliche Problem: Würden die Konfliktparteien nicht in der ihnen typischen Art und Weise auf ihr Gegenüber reagieren, gäbe es das Problem vielfach überhaupt nicht. Dazu schrieb Paul Watzlawick schon vor vielen Jahren:»Jeder Versuch, unter diesen Umständen die Lösung mittels einer Veränderung erster Ordnung herbeizuführen, ist nicht nur zum Scheitern verurteilt, sondern trägt entweder entscheidend zur Verschärfung des Problems bei oder ist *selbst* das Problem.« (Watzlawick 1992, S. 58). Wenn es Sie interessiert, wie Sie im Konfliktfall solche Probleme in den Griff bekommen, dann schauen Sie doch einmal weiter hinten in das Kapitel 16.

In unserer Konsumgesellschaft und dem System der freien Marktwirtschaft ist der finanzielle Anreiz für viele Menschen eine wichtige Antriebsfeder. Zunächst bei der Berufswahl und auch später während der Berufsausübung geht es immer auch um Geld. Prämiensysteme, Boni, Gratifikationen und Incentives sollen neben dem Gehalt zusätzliche

Anreize schaffen, um sich für ein Unternehmen zu entscheiden und sich dort dann mit einer hohen Leistungsbereitschaft einzubringen. Dies führt bis zu einem gewissen Grad dazu, dass Menschen über die Ressource Geld zu steuern sind: »Freundlich werden alle Mienen bei dem kleinen Wort ›verdienen‹!«

 **Der bewusste Einsatz von finanziellen Mitteln kann als Psycho-trick angesehen werden, wenn damit eine Manipulation des Mitarbeiters in die gewünschte Führungsrichtung erreicht werden soll.**

Wenn der Mitarbeiter dann für das Unternehmen gewonnen ist und sich als Gewinn herausstellt, versucht man ihn oft auch über monetäre Anreize bei der Stange zu halten und an das Unternehmen zu binden (»Mehr desselben«). Hier wird Geld zum Führungsinstrument und zum Druckmittel. Allerdings können Sie damit nur so lange Druck ausüben, wie Sie sich in einer übergeordneten Machtposition befinden. Ihre Macht können Sie meistens über zwei Hebel ausüben: einerseits über den Arbeitsplatz, den Sie Ihrem Mitarbeiter zur Verfügung stellen. Und andererseits über das Gehalt, das Sie ihm für seine Arbeitszeit zahlen und das ihm und seiner Familie die Existenz sichert. Außerdem können Sie in Ergänzung dieser beiden Faktoren natürlich noch allerlei Vergünstigungen oder Karrierechancen in Aussicht stellen, was aber im Wesentlichen auch nichts anderes bedeutet als jene zwei Faktoren. Was aber, wenn diese an Gewicht verlieren? Dies ist immer dann der Fall, wenn Ihrem Mitarbeiter potenziell auch andere Arbeitsplätze zur Verfügung stehen. Dann ist er finanziell nicht mehr von Ihnen abhängig. Dann Sie sind Ihre Macht los – und damit eventuell auch Ihren Mitarbeiter.

> Wer einen Psychotrick anwendet, um zum Beispiel Mitarbeiter zu manipulieren, muss damit rechnen, dass »das Imperium zurückschlägt«.

Ohne Moos nix los – oder: Money makes the world go around

In den seltensten Fällen wird sich jemand dagegen sträuben, mehr Geld zu verdienen, zumal mit steigendem Einkommen auch die Bedürfnisse steigen. Dies darf nur nicht dazu führen, dass das Gehalt zum Hauptkriterium für oder gegen die Tätigkeit wird. Langfristig betrachtet ist der finanzielle Verdienst kein entscheidender Erfolgsfaktor. Wenn in Ihrem Unternehmen dem Gehalt und den damit verbundenen Annehmlichkeiten eine übermäßige Bedeutung eingeräumt werden, sollten Sie prüfen, ob es nicht zielführender ist, langfristig auf andere Strategien zu setzen. Wenn Sie außer dem finanziellen Anreiz nichts weiter zu bieten haben, bleibt Ihr Mitarbeiter nur so lange bei Ihnen, bis ihm ein Wettbewerber mehr Geld bietet.

In meinen Vorträgen und Coachings habe ich es immer wieder mit Managern zu tun, für die Geld keine wirklich wichtige Rolle mehr spielt – es handelt sich um Frauen und Männer in der Mitte ihres Berufslebens, die einen Großteil ihrer Karriereziele erreicht haben. Viele von ihnen haben es im Laufe ihrer Tätigkeit zu nennenswertem Wohlstand gebracht, sind verhältnismäßig gut abgesichert und haben meistens keine finanziellen Sorgen. Vielen von ihnen stellt sich dann die Frage, wie sie die zweite Hälfte oder auch das letzte Drittel ihrer Berufstätigkeit verbringen wollen. Und dann ist die Auseinandersetzung mit den persönlichen Werten und Zielen angesagt:

- »Was möchte ich beruflich und privat noch erreichen?«
- »Welche Dinge sind mir wirklich wichtig, wo ich doch schon viele meiner bisherigen Ideen, Karriereschritte und Gehaltsvorstellungen verwirklicht habe?«

Manche Menschen beschäftigen sich dann mit ihrer ganz persönlichen »Löffelliste« und überlegen, was sie unbedingt gern noch einmal machen möchten, bevor sie »den Löffel abgeben«. Dabei stehen oft Themen wie soziale Beziehungen und Emotionalität ganz oben auf der Agenda – das Geld verliert an Bedeutung. Der Sozialpsychologe und Philosoph Erich Fromm hat in seinem Klassiker »Haben oder Sein« (1979) die Aspekte des materiellen Besitzes wesentlichen menschlichen Existenzfragen gegenübergestellt. Nach seiner Auffassung sollte ein maximaler Konsum durch einen vernünftigen Konsum, der auch dem Wohl der Menschen dient, ersetzt werden. Die Produktion von Waren und Dienstleistungen sollte darüber hinaus der Erfüllung der tatsächlichen menschlichen Bedürfnisse dienen, und nicht den Erfordernissen der Wirtschaft.

 **Insbesondere bei Menschen mit Führungsverantwortung finden irgendwann auf ihrem Lebensweg eine kritische Überprüfung der Lebenssituation sowie eine Abwägung verschiedener Sinnfragen statt.**

So stellt sich die Frage, ob mit der nächsten nennenswerten Gehaltserhöhung oder der in Aussicht gestellten Bonuszahlung tatsächlich ein wesentlicher Zugewinn an Lebensqualität erreicht wird. Das verwundert nicht, weil jetzt viele der ursprünglich angestrebten Ziele erreicht sind und vom heutigen Standpunkt überprüft werden können. Damit lässt sich dann auch beurteilen, ob mit dem Erreichen dieser Ziele tatsächlich die erhoffte Befriedigung eingetreten ist. Oftmals ist das nicht der Fall, weil man der kurzfristigen Erlangung von Konsumgütern, Statussymbolen und Ansehen eine zu hohe Bedeutung beigemessen hat.

Was für Führungskräfte gilt, hat für Mitarbeiter mit gewissen Einschränkungen ebenfalls seine Gültigkeit – je nachdem, in welchem Gehaltssegment sie sich bewegen. In Anlehnung an die Bedürfnispyramide von Abraham Maslow müssen erst einmal die Grundbedürfnisse (Essen, Trinken, Schlafen, Wohnen) abgedeckt sein, bevor wir uns um andere Themen wie zum Beispiel soziale Beziehungen, soziale Anerkennung oder um Sinnfragen und Selbstverwirklichung kümmern können. Maslow zählt mit Carl Rogers und Erich Fromm zu den wichtigsten Vertretern der Humanistischen Psychologie. In seiner Motivationstheorie, in der er das menschliche Handeln mithilfe abgestufter Defizit- und Wachstumsbedürfnisse erklärt, geht auch er von einem ganzheitlichen positiven Menschenbild aus.

Dennoch spielt der Faktor Geld auch hier eine entscheidende Rolle. »Erst kommt das Fressen, dann kommt die Moral«, lässt Brecht seinen Mackie Messer in der Dreigroschenoper singen. Dies gilt insbesondere im Hinblick auf unsere Businesswelt. Wir können festhalten, dass eine faire, am besten überdurchschnittliche Bezahlung eine notwendige Grundvoraussetzung ist, damit qualifizierte Mitarbeiter überhaupt zu Ihnen finden und prinzipiell bei Ihnen bleiben möchten. Damit schaffen Sie die Basis für eine langfristige Mitarbeiterbeziehung, weil Sie dann zunächst davon ausgehen können, dass Ihr Mitarbeiter nicht allein durch mehr Geld vom Wettbewerb abgeworben wird. Nun sind aber Personalkosten in den meisten Unternehmen der höchste Kostenfaktor, was immer wieder dazu führt, hier mit Einsparungen zu liebäugeln. Und wenn Sie sich mit Ihrem Unternehmen dann auch noch im unteren Lohnbereich des Dienstleistungssektors befinden, mag der Kostendruck ganz erheblich sein. In meinen Coachings höre ich oft Aussagen wie »Wir können es uns nicht leisten, höhere Löhne zu zahlen, weil in unserer Branche der Wettbewerb die niedrigen Preise diktiert. Die Margen sind ohnehin sehr gering, sodass wir nicht über Tarif bezahlen können«. Das mag so sein. Allerdings werden Sie, wenn Sie nur Mittelmaß zu bieten haben, auch nur personelles Mittelmaß bekommen – und dann nach außen nur Mittelmaß leisten können. Die Folge: Sie können nur mittelmäßige Preise verlangen. Und mit Ihrem mittelmäßigen Umsatz lassen sich natürlich keine höheren Löhne zahlen. Und damit schließt sich der Kreislauf um die Mittelmäßigkeit. Dass aber ein gesundes Wirtschaften auch in Branchen mit hohem Wettbewerbsdruck und geringen Lohnniveau möglich ist, zeigen Firmen wie zum Beispiel das Familienunternehmen Kötter Services, das mittlerweile in dritter Generation Sicherheits- und Gebäudedienste anbietet. Mit fast 19 000 Mitarbeitern und einem Jahresumsatz von 545 Millionen Euro (2016) ist Kötter Services die Nummer zwei der Sicherheitsbranche und gehört zu den Top 100 der beschäftigungsreichsten deutschen Familienunternehmen. Dort setzt man zwar auch auf Kosteneinsparung, allerdings nicht bei den Mitarbeitern, denn die sind vorrangig fest angestellt und erhalten den Tariflohn oder sogar noch mehr. Investiert wird in Technologien, die die Kosten senken, wie zum Beispiel Software, die bei der Routen- und Einsatzplanung Geld sparen hilft. Durch geringe Mitarbeiterfluktuation und einen niedrigen Krankenstand entstehen keine zusätzlichen Personalkosten. Außer-

> Bei der Mitarbeiterführung führt meistens ein Motivations-Mix von materiellen und immateriellen Faktoren zum gewünschten Ergebnis.

dem setzt man dort nicht auf kurzfristigen Profit, sondern denkt langfristig in Dekaden.

Finanzielle Anreize sind nur bis zu einem gewissen Grad geeignet, Menschen zu motivieren. Paradoxerweise verliert Geld mit zunehmender Menge seinen Reiz. Wenn Sie also über einen längeren Zeitraum ein erfolgreiches Team aufbauen wollen, bedeutet dies, Mitarbeiter langfristig zu binden. Das funktioniert jedoch nur dann, wenn es Ihnen gelingt, neben einem attraktiven Verdienst zusätzliche Anreize zu schaffen. Das Thema Geld kann also irgendwann vom Problem erster Ordnung zum Problem zweiter Ordnung werden. Wiederum gilt: »Mehr desselben« führt nur bis zu einem gewissen Punkt zu einer Verbesserung der Situation. Wenn sich aber das Problem auf einer anderen Ebene befindet (Burn-out, Unzufriedenheit mit persönlichen Beziehungen im Unternehmen, Überforderung) führt mehr Geld nicht automatisch aus der Abwärtsspirale heraus. Irgendwann wiegt auch ein hohes Gehalt die Unannehmlichkeiten, die im Zusammenhang mit der Arbeit empfunden werden, nicht mehr auf. Hier muss die Lösung auf einer anderen Ebene gesucht, gefunden und umgesetzt werden.

 **Es sind letztlich auch im Berufsleben Werte wie Ethik und Anstand, mit denen Sie Menschen für sich und Ihre Sache gewinnen und die zu einer vertrauensvollen und langfristigen Mitarbeiterbindung führen.**

TEIL III

Führen ohne Psychotricks

Es darf niemals darum gehen, Psychotricks zur Vorteilswahrung einzusetzen, weil »die anderen das ja auch so machen«. Aspekte wie korrektes Verhalten auf der Beziehungsebene sowie Anstand, Ethik und Vertrauensbildung auf Augenhöhe sind die besseren Instrumente, um andere Menschen zu überzeugen und ein Unternehmen zum Erfolg zu führen.

9. Der Wind im Rücken: Mit Ethik und Anstand in die Zukunft

Darum geht es jetzt!
Weshalb letztlich Emotionen und die Beziehungsebene über Ihren Erfolg entscheiden. Warum Geiz nicht mehr (nur noch) geil ist und wie Sie mit Ethik und Anstand knallharte Wettbewerbsvorteile einfahren. Warum eine ethisch orientierte Führungsphilosophie besser ist und Führung auf Psychotricks verzichten sollte.

Auf die Beziehungsebene kommt es an

Mitunter erhalte ich Coaching-Anfragen von Sekretärinnen oder Assistenten, die für ihren Chef oder ihre Chefin den Erstkontakt zu mir herstellen. Dies ist überhaupt nicht ungewöhnlich und mag zum einen damit zusammenhängen, dass Vorgesetzte solche Rechercheaufgaben gern an ihre Assistenz delegieren. Zum anderen zeigt es aber auch, was wir ohnehin eigentlich schon immer wussten: dass nämlich wichtige Entscheidungen bereits in den Vorzimmern der Chefetagen getroffen werden. Oftmals hat so eine Anfrage bei mir auch den Zweck, aus entspannter Distanz einmal gefahrlos vorfühlen zu lassen, mit wem man es möglicherweise später zu tun bekommen könnte. Insofern habe ich mich auch nicht gewundert, als vor einiger Zeit bei mir das Telefon klingelte und sich eine sehr freundliche Dame als die Assistentin eines Vorstandsmitglieds vorstellte. Ihr Chef sei an einem Coaching mit mir interessiert, denn ich sei ihm von einem Kollegen empfohlen worden. Sie habe bereits auf meine Internetseite geschaut und dort gesehen, dass ich in meiner Freizeit gern in die Oper gehe und Ski fahre. Ja, und da habe sie sich doch gedacht, dass die Chemie zwischen mir und ihrem Chef ganz gut stimmen könnte, weil der wohl ähnlich gestrickt sei.

Das war für mich gleichermaßen erhellend wie ernüchternd. Da hatte ich bei der Gestaltung meines Internetauftritts viel Zeit und Energie darauf verwendet, meine fachlichen Qualifikationen möglichst umfassend und vollständig darzustellen. Ich hatte versucht, mit diversen Ausbildungen, Auszeichnungen und Qualitätssiegeln aufzutrumpfen und mich mit eindrucksvollen Referenzen wichtig zu machen. Und was war am Ende offenbar das entscheidende Auswahlkriterium? Meine Hobbys. Gut, mir ist schon klar, dass auch andere Kriterien bei der Auswahl eine Rolle gespielt haben und ich es ohne meine fachliche Qualifikation, Erfahrung und Expertise vermutlich überhaupt nicht in die engere Auswahl geschafft hätte. Aber den letzten Ausschlag gab es offensichtlich auf der persönlichen Ebene. Es kam dann auch zu einer sehr konstruktiven und vertrauensvollen Zusammenarbeit mit dem Chef, den ich bis heute sehr schätze und den ich immer wieder einmal bei wichtigen Entscheidungen begleiten darf. Aber wer weiß, ob sich seine Mitarbeiterin bei mir auch gemeldet hätte, wenn ich in meiner Freizeit Kaninchen gezüchtet und Bierdeckel gesammelt hätte. An diesem Beispiel ist mir noch einmal sehr deutlich geworden, wie maßgeblich wir in unseren Entscheidungen doch von unseren Gefühlen und Annahmen gelenkt werden.

 **Der Kopf sammelt zwar die Fakten, aber der Bauch trifft schlussendlich die Entscheidung.**

Vermutlich hatte sich die Assistentin bei der Suche nach einem Coach für ihren Chef gedacht, dass es von Vorteil sei, wenn die beiden gut harmonieren würden. Nach Paul Watzlawick können wir ja zwischen der Inhalts- und der Beziehungsebene unterscheiden. Sie erinnern sich: Das war der, der gesagt hat, dass wir nicht nicht kommunizieren können. Auf der Sachebene stehen alle Faktoren, die für fachliche Qualifikation sprechen. Hier wird abgeklopft, ob eine ausreichende Kompetenz für die zu lösende Aufgabe angenommen werden kann.

Allerdings gibt es dabei ein grundsätzliches Problem, das immer dann auftritt, wenn Laien einen Experten in Anspruch nehmen. Sie können als Laie die Fachkompetenz eines Experten kaum wirklich beurteilen. Denn für eine qualifizierte Bewertung bräuchten Sie selbst eine fachliche Expertise. Die fehlt Ihnen – sonst wären Sie ja nicht der Laie. Dies passiert Ihnen auch in anderen Situationen als der geschilderten, wenn Sie als Laie die Dienstleistung eines Experten in Anspruch nehmen wollen und zu Beginn eine Auswahl treffen müssen. Wer bekommt von Ihnen dann den Zuschlag? Selbstverständlich derjenige, der Ihnen dafür am geeignetsten erscheint. Nur: Wonach wollen Sie das denn beurteilen, wenn Ihnen doch der Sachverstand und die Erfahrung fehlen? Vermutlich ziehen Sie dann diejenigen Kriterien heran, die Sie beurteilen können. Und das sind nun einmal vor allem die sozialen Aspekte: »Ist der nett, ist der vertrauenswürdig, macht der einen kompetenten Eindruck, glaube ich, dass der sich auskennt und weiß, wovon er spricht?«

> Es ist vorrangig die persönliche Beziehungsebene, auf der wir viele unserer Entscheidungen treffen. Und das ist auch beim Umgang mit Psychotricks zu beachten.

Solche Zusammenhänge werden auch als Halo-Effekt bezeichnet (Halo: engl. Heiligenschein). Damit ist ein aus der Sozialpsychologie bekanntes Phänomen gemeint. Es beschreibt, dass von einer bekannten Eigenschaft einer Person auf unbekannte Eigenschaften dieser Person geschlossen wird – als würde eine positive Eigenschaft mit ihrem Glanz wie bei einem Heiligenschein auf die andere Eigenschaft abstrahlen. Diese kognitive Verzerrung wurde bereits Anfang der 1920er-Jahre von dem Amerikaner E. L. Thorndike erwähnt. Es wird bis heute auf das Verhalten von Managern bezogen (u. a. von Rosenzweig), die aus einer Eigenschaft eines Mitarbeiters Rückschlüsse auf weitere Eigenschaften ziehen. Im Alltag begegnet uns dieser Effekt dann, wenn zum Beispiel herausragende Künstler oder berühmte Sportler vor der Kamera interviewt werden – und dabei irgendein wirres Zeug zusammenstammeln oder mit völlig unerklärlich kruden Ansichten zu gesellschaftlichen bzw. politischen Ereignissen aufwarten. Wir sind dann manchmal sehr erstaunt, warum der gutaussehende Latin Lover nicht auch vor Intelligenz und Eloquenz strotzt oder der allseits beliebte Fußballtorwart außerhalb seines Strafraums offenbar die einfachsten Zusammenhänge nicht überblickt. Dabei vergessen wir, dass das eine mit dem anderen überhaupt nichts zu tun haben muss. Ein großartiger Sänger kann eben besonders gut singen – und ist deshalb noch lange kein begnadeter Gehirnchirurg. Oftmals sind diese Menschen gerade deshalb auf ihrem Gebiet so außerordentlich erfolgreich, weil sie sich in der Vergangenheit ausschließlich um ihre Domäne und nichts anderes gekümmert haben. Boris Becker hat vermutlich einen Großteil seiner Jugend auf dem Tennisplatz verbracht und für seine Turniererfolge trainiert, trainiert und nochmals trainiert, was ihm dann auch 1985 im Alter von 17 Jahren den Wimbledon-Sieg einbrachte. Die hohe Kunst der freien Rede und geschliffenen Rhetorik war dabei sicher keine unbedingt notwendige Kernkompetenz.

Aber selbst eine hohe Kompetenz reicht allein noch nicht aus, um damit erfolgreich zu sein. Angenommen, Sie möchten sich wieder einmal einen neuen Haarschnitt gönnen, weil Ihre Frisur derzeit eine hohe Ähnlichkeit mit der von Reinhold Messner aufweist. Und nehmen wir weiter an, dass Sie sich in die Obhut einer renommierten Friseurmeisterin mit langjähriger Berufspraxis begeben, die Ihnen mit viel Mühe und nach allen Regeln ihrer handwerklichen Kunst die Haare stylt. Dann können Sie dennoch mit dem Ergebnis unzufrieden sein, wenn Sie trotz der intensiven und hochpreisigen Beautybehandlung nach Ihrem persönlichen Dafürhalten jetzt doch eher wie ein Wischmopp aussehen. Sie sehen, auch hier wird das Ergebnis nicht unbedingt nach harten Qualitätskriterien beurteilt, sondern am persönlichen Empfinden gemessen.

Geiz ist nicht mehr (nur noch) geil

Der Umgang mit rhetorischen und psychologischen Tricks ist ein beliebtes Thema in den Medien und auf den Büchertischen der Buchhandlungen. Viele Autoren greifen in der Regel aber nur den manipulativen Aspekt auf und versuchen ihrerseits durch gekonntes Aushebeln und schlagfertiges Kontern darauf zu reagieren. Das Ziel ist dabei, den »Angreifer« mit den eigenen oder besseren Waffen zu besiegen, um letztlich doch als Gewinner aus der Situation hervorzugehen. Das Problem: dadurch wird letztlich auch wieder nur eine Win-lose-Situation geschaffen mit dem Ziel, die Oberhand zu gewinnen.

Haben Sie gelegentlich einmal die Feierabend-Gespräche Ihrer Mitreisenden im Zug oder in der Flughafen- oder Bahnhofslounge mit anhören müssen? Dann kennen Sie das: Oftmals drehen sich solche Gespräche um den täglichen Kampf, der anscheinend überall im Businessdschungel tobt. Da geht es darum, sich vom Chef nicht ausnutzen zu lassen oder der Kollegin wieder einmal (unterschwellig) die Meinung zu sagen, Grenzen aufzuzeigen und sich nicht unterkriegen zu lassen. Da sind die Unfähigkeit und die Fehler von Kollege X in ihrer ganzen unseligen Vollendung ein Thema, über das sich in allen Einzelheiten ereifert wird. Und dabei wird doch tatsächlich ganz unverblümt der reale Vor- und Nachname des Betreffenden genannt – sogar mehrfach, bis ihn auch jeder Umstehende verstanden hat. Gern wird auch offen, ausgiebig und lautstark über die Inkompetenz oder die niederträchtigen Charaktereigenschaften von Vorgesetzten diskutiert. Ganz so, als gäbe es im ganzen Umfeld niemanden, der den Kollegen vielleicht kennen könnte. In gedankenloser Selbstvergessenheit und unter Außerachtlassung jedweden Datenschutzes wird herzhaft vom Leder gezogen. Auf einem Flug von München nach Wien habe ich neulich innerhalb kürzester Zeit die gesamte Abteilung nebst Vorstand eines namhaften DAX-Unternehmens kennenlernen dürfen. Denn in der Reihe hinter mir haben sich zwei Abteilungsleiter intensiv und stimmgewaltig über interne Vertraulichkeiten ausgetauscht. Gleich nach der Landung habe ich dann ganz schnell meine Aktien von diesem Unternehmen verkauft. Ich frage mich in solchen Situationen immer, ob die Menschen genauso reden würden, wenn die betreffenden Personen anwesend wären. Vermutlich nicht. Hier würden sicher ein wenig Anstand und Zurückhaltung helfen, das Schlimmste zu vermeiden. Kurz gesagt:

 **Anstand ist das, was wir tun, wenn keiner zuschaut.**

Aber funktioniert das auch im gewinnorientierten Businessalltag? Natürlich: Niemand hat etwas zu verschenken. Ganz gleich, ob es sich um den Verbraucher oder ein Unternehmen handelt. Auch Sie wollen Ihr Geld möglichst kaufkräftig einsetzen und streben ein günstiges Preis-Leistungs-Verhältnis an. Nicht zu viel ausgeben, aber viel dafür bekommen. Deshalb funktionieren alle Arten von Sonderangeboten so hervorragend: Sommerschlussverkauf, Winterschlussverkauf, »Mehrwertsteuer geschenkt«, »0-%-Finanzierung auf 120 Monate«, »Kaufe 3 – zahle 2«, Räumungsverkauf, »Alles muss raus«, Flohmärkte, eBay und »Drei, zwei, eins – meins!«, Schnäppchen, Rabatte, »Geiz ist geil« – und was es sonst noch so gibt. Aus Sicht des Verkäufers greift hier in den allermeisten Fällen die alte hanseatische Kaufmannsregel: »Rabatt und Skonto, merke auf – schlägt man immer vorher drauf!«

Auch Unternehmen wollen und müssen gewinnorientiert denken und handeln. Viele der aktuellen gesellschaftspolitischen und unternehmerischen Entwicklungen führen jedoch immer auch zu intensiven Diskussionen über moralische Werte wie Ethik und Anstand. In der Flüchtlingskrise geht es neben den betriebs- und volkswirtschaftlichen Interessen auch immer um die Frage der Menschlichkeit. Und das Mantra »Profit um jeden Preis«, das lange die Kursrichtung vorgab, wird nicht erst seit dem Skandal um manipulierte Abgas-Software immer öfter infrage gestellt. Nicht alles, was denk- oder machbar ist, ist auch ethisch vertretbar. Das gilt nicht nur für Waffenproduktion oder Pränatalmedizin. Dabei geht es keineswegs nur um den erhobenen moralischen Zeigefinger und selbstloses Gutmenschentum, sondern immer auch um die immensen Kosten, die unethisches Handeln mittel- oder langfristig nach sich zieht. Und damit wären wir wieder bei handfesten Wettbewerbsnachteilen.

Schauen wir doch für einen kurzen Moment einmal auf den VW-Abgasskandal, der im September 2015 aufgedeckt wurde. Die Volkswagen AG hatte in der Motorsteuerung ihrer Dieselfahrzeuge eine illegale Abschalteinrichtung eingesetzt, um die strengen US-amerikanischen Abgasnormen zu unterlaufen. Der damit verbundene Schaden war für den Automobilkonzern unermesslich. Allein in Europa und den USA kamen im Zeitraum 2009 bis 2015 nur für Strafen und Entschädigungen etwa 39 Milliarden Dollar zusammen. Das ist eine 39, an der eine ganze Menge Nullen dranhängen (39.000.000.000). Und mit den Nullen meine ich nicht allein die verantwortlichen Manager und Konstrukteure. Durch Rückrufe, Nachbesserungen und Rückkäufe könnten die Kosten sogar auf über 100 Milliarden Dollar ansteigen. Nun hat aber auch ein Unternehmen wie VW nicht einfach so viel Geld für unvorhergesehene Nebenausgaben irgendwo herumliegen. Vielmehr muss man sich dort jetzt überlegen, wo das alles herkommen soll. Und weil eine solche Summe nicht aus den Rücklagen oder dem laufenden Gewinn zu decken ist, werden beispielsweise mal flott zur Finanzierung 30 000 Stellen abgebaut. Wenn wir jetzt noch weiterdenken und davon ausgehen, dass zu jeder Stelle ein Haushalt mit zwei bis drei weiteren Personen dazukommt, dann reden wir hier von der Einwohnerzahl einer Stadt mittlerer Größe wie Fulda, Bayreuth oder Castrop-Rauxel, deren Existenz jetzt durch die Verantwortungslosigkeit Einzelner bedroht ist. Für den Automobilkonzern bedeutet dieser Skandal zudem einen massiven Vertrauens- und Imageverlust. Die dadurch verursachten Umsatzeinbußen sind kaum abzusehen und schwer zu beziffern.

Vielen Verbrauchern ist es überhaupt nicht mehr gleichgültig, unter welchen Bedingungen ihre Produkte erzeugt werden. Faktoren wie die Abholzung des Regenwaldes, Umweltverschmutzung, fragwürdige Arbeitsbedingungen bei Amazon oder die qualvolle Massentierhaltung beim Geflügelindustriellen Wiesenhof fließen in die Kaufentscheidungen ein. Bevor Sie sich bei Ihrem nächsten Einkauf an der Fleischtheke von einem Sonderangebot verlocken lassen, schauen Sie doch vorher einmal in der Heimtierabteilung nach, wie viel 100 Gramm Tierfutter kosten. Dann können Sie die Qualität bestimmter Angebote in der Fleischereiabteilung viel besser einschätzen.

> **Ethik, Anstand und Moral helfen, Wettbewerbsvorteile einzufahren – und sich gegen Psychotricks zu wehren.**

In vielen Bereichen hat die »Geiz-ist-geil«-Mentalität zum Glück drastisch an Bedeutung verloren. Es gibt durchaus einen Markt für Kosmetikartikel ohne Tierversuche oder für Lebensmittel ohne Genmanipulation aus kontrolliert biologischer Landwirtschaft. Und das gilt auch für Luxusprodukte: Hochpreisige Modelabels, die in Ländern der Dritten Welt ihre Produkte unter menschenunwürdigen Bedingungen fertigen lassen und dann in den Industrieländern mit immensen Gewinnen vermarkten, gelten als unanständig. Ebenso finden Kleidungsstücke aus echtem Tierfell nicht mehr uneingeschränkten Zuspruch in der Modewelt. Aus diesem Grund geraten Firmen auch immer wieder ins ethische Fadenkreuz. Und deshalb tun Unternehmen, die mit der dunklen Seite der Herstellung ihres Produkts in Verbindung gebracht werden können, sehr viel dafür, den Blick auf die Sonnenseite ihres Handelns zu lenken. Da investiert der schwedische Möbelhersteller IKEA zum Beispiel 7 Millionen Euro (2014) in Projekte gegen Kinderarbeit in Indien. Oder Tabakkonzerne wie Philipp Morris beteiligen sich an Gesundheitsprojekten. Die Alkoholindustrie, die sich ja auch immer dem Vorwurf ausgesetzt sieht, Abhängigkeitserkrankungen zu begünstigen, sponsert den Sport und fördert Forschungsprojekte. Je nachdem, wie man darauf schauen möchte, zeigen diese Unternehmen entweder eine hohe Verantwortung oder lenken von der Schattenseite ihres Geschäftszweiges ab, indem sie sich als Wolf des Profits mit dem Schafspelz der Ethik tarnen. In jedem Fall handelt es sich aber um entscheidende Präventionsmaßnahmen gegen Angriffe von außen, die zu einem erheblichen Imageverlust führen könnten. Die Folgen einer öffentlichen Diskreditierung sind für viele Unternehmen mit unabsehbaren, katastrophalen Folgen verbunden. Deshalb wollen sie es auf Teufel komm raus vermeiden, in das Zwielicht unethischer Vorwürfe zu geraten. Dabei spielt es keine Rolle, ob die Vorwürfe haltlos sind und entkräftet werden könnten. Und so gilt auch hier: Wenn auf der Beziehungsebene die Glaubwürdigkeit und das Vertrauen öffentlich in Zweifel gezogen werden können, spielen die Sachebene und die tatsächlichen Entwicklungen häufig nur eine untergeordnete Rolle.

Führungsphilosophie mit Anstand: Auf Psychotricks verzichten

Als im April 1995 Greenpeace-Aktivisten die verlassene Shell-Ölplattform »Brent Spar« in der Nordsee enterten und besetzten, deutete zunächst nichts darauf hin, dass dies eine der berühmtesten und erfolgreichsten Greenpeace-Kampagnen überhaupt werden sollte. Der überrumpelte Öl-Multi Shell reagierte zunächst einmal gar nicht, die Aktion wäre beinahe ohne viel Aufhebens im Sande verlaufen. Der Konzern wollte das stillgelegte Öl-Zwischenlager einfach auf dem offenen Meer versenken und sich von ein paar Umwelt-Heinis davon auch nicht abbringen lassen. Doch als Shell vor laufenden Kameras anfing, die Besetzer gewaltsam zu vertreiben, setzte sich eine unglaubliche Spirale der Entrüstung und Auflehnung in Gang. Auf dem Meer nahmen die Schlepper von Shell die Plattform auf den Haken, während das Thema Brent Spar an Land immer reißerischere Schlagzeilen in den Medien produzierte. Zeitgleich mit den Schlauchboot-Attacken auf hoher See machte Greenpeace mit dem Slogan »Das Meer ist keine Müllkippe!« Stimmung gegen den Ölkonzern. Shell sorgte dann allerdings auch selbst für eine drastische Eskalation: Die Schlepper schossen mit Wasserkanonen auf Schlauchboote und Hubschrauber, Shell-Manager blamierten sich und ihr Unternehmens durch Kommentare, die vor allem sie selbst bloßstellten. »Schützt die Nordsee. Stoppt Shell« lautete schließlich der Appell von Greenpeace. Empörte Bürger nutzten ihre Macht als Verbraucher, es kam zum größten Tankstellen-Boykott der Nachkriegsgeschichte. Der zunächst friedliche Protest drohte endgültig zu eskalieren, als in Hamburg die erste Shell-Tankstelle brannte.

Am Ende verzichtete Shell wenige Stunden vor der geplanten Versenkung darauf und ließ die Brent Spar an Land verschrotten. Dies kostete den Ölkonzern nach heutiger Kaufkraft etwa 36 Millionen Euro, was vermutlich nur ein Bruchteil des Schadens war, der durch den angerichteten Imageverlust entstand. Es dauerte lange, bis es Shell gelang, das verspielte Vertrauen der Kunden zurückzugewinnen. Dabei hätte eine Versenkung der Ölplattform tatsächlich keinesfalls nur Nachteile für die Umwelt mit sich gebracht. Es hätte sogar einige Argumente *für* eine Versenkung gegeben, wie zum Beispiel die Schaffung neuen Unterwasser-Lebensraums für verschiedene Meeresbewohner durch ein künstliches Riff. Auch gibt es durchaus wissenschaftliche Erkenntnisse über Stellen im Meer, an denen Erdöl auf natürliche Weise aus dem Erdinneren austritt und aus denen sich eine prachtvolle und ausgewogene Unterwasserwelt entwickelt. Doch die aufgebrachte und emotional reagierende Bevölkerung wollte von Fakten und Hintergründen irgendwann gar nichts mehr wissen.

 **Deshalb ist es durchaus sinnvoll, auf eine Unternehmensführung mit Ethik und Anstand zu setzen und auf den Einsatz von Psychotricks zu verzichten.**

Kurzfristig müssen Sie dann vielleicht auf den einen oder anderen vermeintlichen Vorteil verzichten. Auf längere Sicht bringt Ihnen ein werteorientiertes Handeln aber entscheidende Wettbewerbsvorteile.

Der Verzicht auf psychologische Winkelzüge schafft die Grundlage für eine Kommunikation auf Augenhöhe, die von Vertrauen und Wertschätzung geprägt ist. Dies spricht wiederum diejenigen Menschen an, die hierin ebenfalls einen hohen Wert sehen und auch bereit sind, sich für ein solches Unternehmen mit Leidenschaft einzubringen.

Sollen sich denn nun in den Firmen alle nur noch lieb haben? Nein, auf keinen Fall! Hier geht es nicht um die weichgespülte Führungskraft mit Strickpulli und Gesundheitssandalen, die auf Kuschelkurs zu ihren Mitarbeitern geht. Im Übrigen bin ich ein großer Freund von klarer Kommunikation und sehe Konflikte als eine notwendige Voraussetzung für ein lebendiges und konstruktives Miteinander an. Es geht vielmehr um knallharte Vorteile gegenüber Ihren Mitbewerbern und um eine langfristige erfolgreiche Positionierung. Hierfür bilden Ethik und Anstand eine Erfolg versprechende Basis. Unternehmen und Manager, die vorrangig auf kurzfristigen Erfolg setzen, werden es in der aktuellen und zukünftigen Arbeitswelt immer schwerer haben, sich zu behaupten. Und in den Fällen, in denen dies noch gelingt, funktioniert es auch nur mit einem erheblichen Aufwand von Ressourcen (Geld, Personal, Marketing). Auch das bedeutet mittel- oder langfristig einen erheblichen Wettbewerbsnachteil. Sie können dann von einer höheren Mitarbeiterzufriedenheit, weniger Fluktuation und reduzierten Fehlzeiten ausgehen. Außerdem tragen Sie so aktiv dazu bei, dass der inneren Kündigung Ihrer Mitarbeiter und dem Burn-out vorgebeugt werden. Doch damit nicht genug. Sie tun sich damit auch selbst einen Gefallen, denn die Gefahr, dass Sie als Führungskraft zwischen den Mühlsteinen der Hierarchie aufgerieben werden, nimmt ebenfalls signifikant ab. Außerdem fühlt sich ein Kontakt auf Augenhöhe ohne Manipulation für alle Beteiligten einfach besser an, weil er dem grundsätzlichen Bedürfnis nach einem echten zwischenmenschlichen Kontakt entspricht.

Eine auf Anstand und Ethik ausgerichtete Führungsphilosophie, die auf Psychotricks verzichtet, schafft einen Vorsprung durch stabile Beziehungen zu Mitarbeitern und damit auch zu den Kunden.

In diesem Zusammenhang stellt sich natürlich die Frage, warum nicht schon längst alle Unternehmen sich einer Unternehmensführung unter den Zeichen von Anstand und Wertschätzung verpflichtet haben. Hat man die Zeichen der Zeit dort nicht erkannt? Oder geht es doch nur um den knallharten Überlebenskampf in der Geschäftswelt, in der der Zweck alle unanständigen Mittel heiligt? Ein Erklärungsansatz liegt hier sicherlich in der unterschiedlichen Betrachtungsweise zwischen kurzfristigen und langfristigen Unternehmenszielen. Und dabei dürfen wir eines nicht vergessen: In unserer aktuellen, schnelllebigen Zeit sind viele Unternehmer und Unternehmen nur mit sehr eng gesteckten Unternehmenszielen unterwegs. Gerade das Internet lässt viel Spielraum für die schnelle und kurzfristige Entwicklung von Geschäftsideen. Manchmal geht es auch nur darum, auf einer sich kurzfristig auftürmenden großen Welle eine Zeit lang mitzusurfen und schnelle Gewinne einzufahren, um dann ebenso schnell wieder abzutauchen und sich die nächste Welle zu suchen. Und auf der anderen Seite gibt es sicherlich auch Firmen, die von der Hand in den Mund leben und denen das Wasser bis zum Hals steht. Da ist es kaum zielführend, über langfristige Unternehmensziele nachzudenken, wenn nicht einmal klar ist, wovon am Monatsende die Gehälter gezahlt werden sollen.

Und dann gibt es natürlich auch noch Unternehmen, die mit ihrer Strategie der Kurzfristigkeit zumindest für den Moment noch Gewinne erzielen. Dort, wo noch halbwegs akzeptable Gewinne erreicht werden, gibt es vielfach keinen ausreichend hohen Leidensdruck, um Veränderungen in den Blick zu nehmen. Sicherlich kennen Sie aus Ihrer eigenen Erfahrung oder Ihrem Umfeld genügend Beispiele für unwirtschaftliches, kurzsichtiges Handeln. Projekte, in denen Geld verbrannt wird. Mitarbeiter, die nur zum Gehaltabholen in die Firma kommen. Teams, die so zerstritten sind, dass ein Großteil der Arbeitszeit für Streitereien und gegenseitige Sabotageakte aufgewendet wird. In solchen Fällen fehlt schlicht die Messbarkeit, wie es denn anders wäre. Denn solange Sie keine tatsächlichen Veränderungen einleiten, bleiben ja auch die vermuteten Erfolge nur eine rein theoretische Größe. Deshalb ist es wichtig zu bedenken, dass es immer die Menschen sind, die miteinander Geschäfte machen und den Erfolg eines Unternehmens bestimmen. Produkte kommunizieren nur das, was sich Menschen vorher überlegt haben und an den Kunden vermitteln möchten. Und letztlich geht es in allen unternehmerischen Aktionen immer darum, einen Nutzen für Menschen zu bieten.

10. Fest angeheuert: Wie Sie Menschen gewinnen anstatt zu manipulieren

Darum geht es jetzt!
Warum Vertrauen aufzubauen eine hohe Kunst ist, mit der Sie gerade im Spannungsfeld zwischen Legalität und Ethik eine echte Sogwirkung für kompetente Mitarbeiter erzeugen. Wieso die Qualität der zwischenmenschlichen Beziehungen und die Sinnhaftigkeit der Arbeit so wichtig sind.

Auf Augenhöhe mit dem Kapitän: Die hohe Kunst, Vertrauen aufzubauen

Es wäre vielleicht verlockend, wenn sich Menschen so einfach manipulieren ließen, wie wir es manchmal gern hätten. Wenn man sie einfach nur mit den richtigen Tricks in die Tasche stecken könnte. Würde damit vielleicht doch wieder das Paradies für Führungskräfte heraufdämmern? Ich fürchte, nein. So funktioniert das nicht. Zum Glück sind die meisten von uns nicht so schlicht gestrickt und weltfremd, dass sie sich einfach willenlos über den Tisch ziehen ließen. Im Gegenteil: Wir verfügen über ein sehr feines Sensorium für die Versuche, uns zu manipulieren. Wir liegen sozusagen ständig auf der

Lauer und argwöhnen die Heimtücke. Dabei reicht es uns oft bereits, nur den Anflug eines Manipulationsversuches wahrzunehmen – und sofort regt sich bei uns der Widerstand. Oder wie Goethe es in seinem Schauspiel um den italienischen Dichter »Torquato Tasso« auf den Punkt bringt: »Man merkt die Absicht – und man ist verstimmt.«

Wenn Sie also ein stabiles Team mit integren Persönlichkeiten um sich herum aufbauen wollen, brauchen Sie etwas, über das wir schon gesprochen haben. Sie erinnern sich – ich rede von Vertrauen. Nur auf der Basis von Vertrauen lassen sich stabile und langfristige Beziehungen aufbauen. Das gilt für Mitarbeiter und Kunden gleichermaßen. »Klingt einfach, Herr Doktor«, höre ich Sie sagen, »aber wie kann ich denn nun am besten Vertrauen in meinem Team aufbauen?« Festhalten, hier kommt die schlechte Nachricht: Gar nicht. Vertrauen lässt sich leider nicht aktiv erschaffen, so wie sie zum Beispiel ein Haus oder Ihre Golfschläger-Sammlung aufbauen können.

 **Vertrauen entsteht von allein, es wird Ihnen von Ihrem Gegenüber entgegengebracht, wenn Sie es verdient haben. Auch entscheidet Ihr Gegenüber ganz allein, ob und wann Sie sein Vertrauen bekommen.**

Deshalb ist es im Grunde genommen eine Paradoxie, wenn Sie zu jemandem sagen: »Sie müssen mir vertrauen!« oder »Vertrauen Sie mir!« Das ist nichts, was man so einfach einfordern oder verordnen kann. Vertrauen entwickelt sich nur dann, wenn wir selbst davon überzeugt sind, dass wir vertrauen können und wollen. Genauer formuliert müsste es deshalb heißen: »Ich möchte Ihr Vertrauen gewinnen und bitte Sie darum, mir eine Chance, sozusagen einen Vertrauens-Vorschuss, zu geben.« Dann muss der andere entscheiden, ob er sich auf das Wagnis einlassen möchte. Sie können nichts anderes tun, als sich um das Vertrauen Ihrer Mitmenschen zu bemühen, indem Sie vertrauensbildende Voraussetzungen schaffen.

Und wie soll das gehen? Die Antwort ist einfach und schwierig zugleich. Sie brauchen im Grunde nur alles wegzulassen, was die Bildung von Vertrauen verhindert. Also, verzichten Sie zu allererst auf alle Arten von Psychotricks und widerstehen Sie der Versuchung, mit kleinen Flunkereien kurzfristige Erfolge erzielen zu wollen. Das haben Sie nicht (mehr) nötig, denn Sie verfolgen ein langfristiges Ziel. Sie investieren jetzt in die Zukunft. Sie wollen vertrauenswürdige, selbstbewusste Mitarbeiter und Kollegen um sich haben, die manchmal vielleicht auch etwas eigenwillig-unbequem sind, aber dafür loyal und zuverlässig an Ihrer Seite stehen. Menschen, die nicht aus Angst oder ausschließlich wegen des Gehalts bei Ihnen bleiben. Die, über den monetären Anreiz hinaus, einen weitergehenden Anspruch an ihre Arbeit haben. Solche Menschen lassen sich nicht mit fadenscheinigen Tricks hinters Licht führen. Sie haben ein ausgesprochenes Gerechtigkeitsempfinden und ein ausgeprägtes Bedürfnis nach Wahrhaftigkeit.

In einem Klima des gegenseitigen Vertrauens fällt es Menschen schwer(er), mit Psychotricks zu agieren.

Das ist kein leichtes Unterfangen, denn Vertrauen will erarbeitet und verdient sein. Es wird nur langsam gewonnen – aber dafür sehr schnell verspielt. Das liegt vor allem daran, dass unser kindliches, uneingeschränktes Ur-Vertrauen auf dem Weg zum Erwachsenwerden schon viele herbe Enttäuschungen erfahren hat. Unsere optimistische Gutgläubigkeit musste immer mal wieder einen Dämpfer erleben. Das hat uns misstrauisch werden lassen. Die Erfahrung lehrt uns, dass wir nicht alles glauben dürfen, was man uns glaubhaft vorträgt. Gleichviel, ob amerikanische Präsidenten uns die Existenz von Giftgasanlagen im Irak weismachen wollen oder ihre sexuelle Zurückhaltung gegenüber Praktikantinnen im Oral-Off…, Verzeihung – im Oval-Office beteuern. Ob uns Norbert Blüm nun in seiner Eigenschaft als Arbeitsminister »Die Rente ist sicher« verheißt oder ob uns Herr Barschel noch schnell mit seinem »Ehrenwort« beteuert, dass die gegen ihn erhobenen Vorwürfe haltlos sind – bevor er sich ins Badezimmer und aus dem Leben verabschiedet. Alles ehrenwerte Männer. Und dennoch. Wahrscheinlich haben Sie jetzt auch schon selbst das eine oder andere Beispiel aus Ihrer eigenen Erfahrung vor Augen.

Wir erleben es immer wieder, dass man unser Vertrauen arg strapaziert und uns offenbar für dumm verkauft. Wie soll man da nicht den Glauben an die Menschheit verlieren, wenn uns selbst Staatsmänner mit ihren Entgleisungen den Teppich der Zuversicht unter unseren Füßen wegziehen. Menschen, die doch erst durch das Vertrauen ihrer Wähler zu Amt und Würden gekommen sind. Da verwundert es eigentlich, dass wir überhaupt noch irgendjemandem über den Weg trauen. Mit dem Vertrauen ist es aber anscheinend wie mit dem Rasen im Fußballstadion. Auch wenn er ständig abgemäht wird, wächst er doch immer wieder nach. Man muss ihn nur vernünftig pflegen und darf nicht zu lange darauf herumtrampeln. Offensichtlich verfügen wir über ein nahezu unbegrenztes Vertrauensvorschuss-Potenzial und sind trotz vieler Rückschläge immer wieder bereit, uns auf neue zwischenmenschliche Wagnisse einzulassen. Ansonsten würden uns wohl auch nur Verzweiflung, Missgunst und Resignation übrig bleiben. Und wer möchte in einer solchen Aussichtslosigkeit schon dauerhaft leben?

Was können Sie konkret tun, damit Ihnen Vertrauen von Ihren Mitmenschen entgegengebracht wird? Als Kapitän Ihres Unternehmens oder Teams sollten Sie vor allem für eine Kommunikation auf Augenhöhe mit Ihren Mitarbeitern sorgen. Das hat vor allem mit Ihrer persönlichen Haltung, Ihrem Mind-Set, zu tun. Die Wachstumsdünger beim Aufbau vertrauensvoller Beziehungen sind Respekt und Wertschätzung; und zwar bezogen auf Ihr Gegenüber und dessen Persönlichkeit. Damit ist gemeint, den anderen als subjektiv-sinnhaft handelndes Individuum zu verstehen und ihm mit Empathie und Akzeptanz zu begegnen. Menschen haben immer einen guten Grund für ihr eigenes Denken, Fühlen und Handeln. Auch wenn Sie selbst den Hintergrund ihres Handelns noch nicht nachvollziehen können, anderer Ansicht sind oder völlig anders denken, fühlen und handeln würden. Akzeptanz bedeutet auch nicht automatisch bedingungsloses Einverständnis, sondern lediglich, dass Sie etwas nachvollziehen und verstehen können. Deshalb dürfen Sie auch gern im gemeinsamen kommunikativen Miteinander die Begriffe »verstanden« und »einverstanden« deutlich voneinander trennen.

Das heißt keineswegs, die Chef-Rolle aufzugeben und alles kritiklos gutzuheißen oder sich mit unzureichenden Leistungen zufriedenzugeben. Aber es trennt das eine vom anderen. Mitarbeitern menschlich zugewandt-wertschätzend zu begegnen und gleichzeitig konsequent in der Sache zu sein – das geht. Sie können auf dem stabilen Boden der persönlichen Wertschätzung sogar vollkommen ohne Umschweife und gänzlich unverblümt Ihre Kritik äußern. Und Sie finden in einem respektvollen Kontakt auf Augenhöhe in der Regel offene Ohren. Denn all die unfruchtbaren Debatten und Rechtfertigungen, die oftmals nur der Aufrechterhaltung des eigenen Selbstwerts dienen, weil man sich als Person angegriffen fühlt, haben Sie längst hinter sich gelassen. Sie müssen auch nicht andauernd diese ermüdenden Ja-aber-Diskussionen führen. Denn die Beziehung ist so stabil, dass niemand mehr andauernd um die persönliche Anerkennung kämpfen muss. Auch Sie selbst müssen dann nicht ständig bei den Mitarbeitern um die Akzeptanz Ihrer Führungsposition ringen. So können Sie sich ohne Reibungsverluste mit Souveränität den kritischen Sachaspekten offen zuwenden und konstruktive Lösungen schaffen.

Der Aufbau eines echten Erfolgsteams ist allerdings eine hohe Kunst. Dies gelingt nicht allein schon deshalb, weil Sie es ganz fest wollen. Dafür brauchen Sie in der Regel außer etwas Talent und Glück vor allem Fleiß und Durchhaltevermögen. Erfolgreiche Teams werden nicht von heute auf morgen aus dem Boden gestampft. Sie entstehen in den seltensten Fällen aus einem glücklichen Zufall heraus, sondern meistens in einem längeren, gemeinsamen Entwicklungsprozess.

 **Sie gewinnen Ihre Mitarbeiter nie allein durch Ihre übergeordnete Position, sondern immer nur durch Ihre persönliche Autorität und die Verlässlichkeit, die Sie im Umgang auf Augenhöhe vermitteln.**

Durch die Untiefen der Hierarchie: Im Spannungsfeld von Legalität und Ethik

In Ihrer Führungsposition sind Sie von Seiten der Legalität her abgesichert. Sie sind gewählter oder ernannter Disziplinarvorgesetzter, der mit den entsprechenden Machtmitteln ausgestattet ist. Meistens ist schon im Organigramm eines Unternehmens zu erkennen, wer wem etwas zu sagen hat. Mit dieser Grundausstattung und der Lizenz zum Führen allein ist es aber noch nicht getan. Vielmehr geht es immer auch darum, die Ihnen übertragene Position und Rolle mit Ihrer persönlichen Autorität auszufüllen. Dabei sind Sie ständig unter Beobachtung und gefordert, sich der Ihnen übertragenen Verantwortung als würdig zu erweisen. Letztlich können Sie ein Team oder Unternehmen immer nur dann erfolgreich führen, wenn Ihnen die unterstellten Menschen folgen wollen und bereit sind, Ihre Vorgaben und Anweisungen umzusetzen. Dies wiederum hängt in hohem Maße davon ab, ob es Ihnen gelingt, das in Sie gesetzte Vertrauen dauerhaft zu erhalten. Eine echte Gratwanderung, denn mit Ihrer Vertrauens- und Glaubwürdigkeit als Galionsfigur steht Ihr Führungsposten zur Disposition und auf dem Spiel. Hinzu kommt, dass Sie in hohen Führungspositionen als Geschäftsführer, Vorstand oder Direktor meistens keinen umfangreichen Kündigungsschutz genießen, sondern verhältnismäßig schnell abgesetzt, abgewählt oder zur Aufgabe bewegt werden können. Darum:

 **Sie sollten sich über die Absicherung Ihrer Glaubwürdigkeit Gedanken machen. Hier kommt die Ethik ins Spiel. Selbst wenn Sie sich formal korrekt verhalten, können Sie dennoch jederzeit über den Fallstrick des Vertrauensverlusts stolpern.**

Nicht alles, was gesetzlich legitim ist und vielleicht sogar mit gutem Recht geschieht, ist auch vernünftig vertretbar und moralisch einwandfrei. Dies ist ein Spannungsfeld, in dem schon diverse Führungskräfte gescheitert sind.

Den damaligen US-Präsidenten Bill Clinton hätte die Affäre mit der Praktikantin Monica Lewinsky um Haaresbreite seinen Präsidentensessel gekostet. Das gegen ihn eingeleitete Amtsenthebungsverfahren scheiterte lediglich an der fehlenden Zweidrittelmehrheit der abstimmenden Senatoren. In der damit verbundenen Diskussion ging es gar nicht mehr so sehr um seinen Seitensprung, obwohl diesem bei genauerem Hinsehen ja auch der Beigeschmack eines moralisch verwerflichen Betrugs an seiner Ehefrau sowie der Ausnutzung seiner Machtposition anhaftete. Vielmehr ging es um seine Falschaussage unter Eid, dass er keine sexuelle Beziehung zu seiner Praktikantin gehabt habe. Plötzlich drehte sich alles nur noch um seine Integrität als Präsident und um seinen Umgang mit der Affäre. Unterm Strich führte das zu einer paradoxen Situation: Der Präsident darf zwar fremdgehen und seine ihm unterstellten Praktikantin verführen. Das ist Privatsache, also Schwamm drüber! Aber wenn's denn hinterher rauskommt, darf er nicht so tun, als wenn gar nichts gewesen wäre. Denn wer unter Eid lügt, ist für einen so vertrauensvollen Präsidentenposten unter ethischen Gesichtspunkten wohl doch nicht geeignet. Merken Sie, wie der eigentliche Fehltritt vor der aufbrandenden Welle aus Ethik, Moral und Entrüstung überspült wird und in den Hintergrund tritt?

Diesen Mechanismus finden Sie fast immer bei Fehltritten von hochrangigen Führungspersönlichkeiten. Dies hat natürlich auch mit deren exponierter Position und dem hohen moralischen Anspruch, den ein Führungsamt mit sich bringt, zu tun. Wenn Ihnen auf der Hamburger Reeperbahn der Türsteher vor einem eindeutig zweideutigen Rotlicht-Etablissement für kleines Geld das Paradies verheißt, sind Sie vermutlich nicht auf eine besonders hohe moralische Zuverlässigkeit eingestellt und schon aufgrund des entsprechenden Umfeldes bereit, sich auf gewisse halbseidene Flunkereien einzustellen. Je höher aber der moralische Anspruch an Anstand und Integrität an die Rolle oder Institution anzusehen ist, desto genauer schaut man auch hin. Umso höher ist die Erwartung, dass sich der Betreffende anständig und vertrauensvoll verhält. Und umso enttäuschter sind wir, wenn diese Erwartung nicht erfüllt wird.

Wenn der Limburger Bischof Franz-Peter Tebartz-van Elst seinen Bischofssitz für über 30 Millionen Euro renovieren lässt und dabei ganz nebenbei auch die eigene Wohnung mit einer großzügigen Luxusausstattung bedenkt, dann passt das so ganz und gar nicht in unser Bild vom selbstlosen, bescheidenen Kirchenhirten. Viele Gläubige fragen sich nicht ganz zu Unrecht, ob ihre Kirchensteuergelder nicht auch sinnvoller angelegt werden könnten. Sexueller Missbrauch von Schutzbefohlenen in katholischen Internaten, Veruntreuung von Spendengeldern für Kriegsopfer, Korruption im öffentlichen Amt. Das alles geht ja irgendwie gar nicht! Und dann machen sich Empörung breit und der heilige Zorn Luft. Das wiegt in unserem ethisch-moralischen Bewertungssystem besonders schwer. Oftmals mischen sich auch noch Gefühle der Verunsicherung und Hilflosigkeit dazu.

Es kann aber auch durchaus schon bei geringeren Anlässen dazu kommen, dass jemand seinen Platz räumen muss. Führungskräfte manövrieren sich mitunter soweit in eine Misere hinein, bis es keinen Ausweg mehr gibt. Viele nehmen dann ihren Hut, gehen ins Gefängnis oder springen aus dem Fenster. Manchmal sogar genau in dieser Reihenfolge. In der Rückschau auf die kleinen und großen Fehltritte lässt sich zusammenfassend feststellen, dass viele Personen in Führungspositionen zwar immer mal wieder über ihre Fehler ins Stolpern geraten. Aber richtig zum Sturz kommt es erst durch ihren Umgang mit diesen Fehlern, insbesondere wenn es ihnen auch noch am nötigen Fingerspitzengefühl im Außenauftritt fehlt. Denn dann geht es in der Wahrnehmung der Öffentlichkeit um höhere Werte. Es geht ums Prinzip und um die Frage nach der Verlässlichkeit. Wenn das Vertrauen erst einmal dahin ist, spielen die tatsächlichen Auslöser und Konsequenzen nur noch eine Nebenrolle. Darum ist es wichtig, selbst in der Hektik des Führungsalltags für solche Ereignisse mit hohem Sprengstoff-Entwicklungspotenzial sensibel zu bleiben. Denn ob Sie es wollen oder nicht: Sie bekleiden für viele Menschen eine herausragende Position mit Vorbildcharakter und es werden hohe moralische Ansprüche an Sie gestellt. Wenn Sie es hier an der notwendigen Diplomatie und Sensibilität fehlen lassen, kann es passieren, dass Ihnen trotz aller fachlichen Kompetenz und legitimen Berechtigung am Ende der Stolperstein der Ethik zwischen die Füße fliegt.

> **Wem soll man denn überhaupt noch vertrauen, wenn sich selbst die elitäre Gruppe moralisch verwerflich, korrupt oder gar kriminell verhält?**

Abgesehen von den großen Katastrophen befinden sich Manager aber auch im tagtäglichen Führungsgeschäft oftmals zwischen den Stühlen. Einerseits sind sie Vorgesetzte ihrer Mitarbeiter und für das Erreichen von Zielen verantwortlich. Andererseits haben sie in den seltensten Fällen die volle Verfügungsgewalt und Freiheit, nach eigenem Ermessen über die Geschicke des Unternehmens zu entscheiden. Vielmehr sind sie selbst gleichfalls weisungsgebundene Mitarbeiter, die ihrerseits wiederum einen Vorgesetzten, einen Vorstand, die Stakeholder oder schlicht die Kunden über sich haben. Auch bei flachen Hierarchien gibt es in aller Regel immer noch jemanden, der über ihnen steht. Der Gruppenleiter hat den Abteilungsleiter über sich, der Regionalleiter berichtet dem Direktor und dieser wiederum ist dem Vorstand unterstellt. Auch in kleineren Unternehmen, die von einem Geschäftsführer geleitet werden, wird dieser durch die Gesellschafter eingesetzt und – mal mehr, mal weniger – gesteuert. In der Realität bedeutet das fast immer eine »Sandwich-Position«. Es genügt also keinesfalls, einfach nur den Blick nach unten zu richten und sich um seine Mitarbeiter zu kümmern, sondern es gilt auch, Vorgaben von oben umzusetzen.

Andererseits werden wiederum oftmals von Mitarbeitern Anliegen geäußert, die die Führungskraft nach oben weiter kommunizieren soll. Jetzt bestehen im Wesentlichen zwei Gefahren:

- Erstens: Die Führungskraft übernimmt nach unten keine Verantwortung, indem sie sich hinter Vorgaben von oben versteckt.
- Zweitens: Sie übernimmt keine Verantwortung nach oben, indem sie Vorgaben unkritisch nach unten weiterleitet, ohne sie auf ihre Umsetzbarkeit zu überprüfen. Vielleicht werden Direktiven von oben sogar kritiklos nach unten durchgereicht, obwohl schon von vornherein klar ist, dass sich bestimmte Vorgaben voraussichtlich überhaupt nicht so umsetzen lassen.

In allen Fällen gibt es nur einen Verlierer: Sie selbst, die Führungskraft.

Anstand ist sexy und erzeugt eine Sogwirkung

Kritikloses Übernehmen von unrealistischen Vorgaben und anschließendes Weitergeben nach unten mit dem Schulterzucken des Unbeteiligten hat nichts mit Führung zu tun, sondern mit Verantwortungslosigkeit. Sie sollten nur diejenigen Vorgaben an Ihre Mitarbeiter weitergeben, hinter denen Sie auch persönlich stehen können. Anderenfalls müssten Sie sich mit Ihren Vorgesetzten darüber auseinandersetzen, warum Sie deren Vorgaben nicht so uneingeschränkt an Ihre Mannschaft weitergeben können. Oder Sie sollten die Diskussion führen, welche Voraussetzungen erst noch geschaffen werden müssen, um eine realistische Chance für die Umsetzung zu sehen. Das kann bedeuten, dass Sie ein höheres Budget benötigen. Oder Sie brauchen größere Zeitkontingente, mehr oder qualifiziertere Mitarbeiter, umfangreichere Unterstützung von außen oder, oder, oder. Wichtig ist hier nur, nicht einfach unkommentiert die Vorgaben gehorsam zu übernehmen und zu glauben, dass Sie das Unmögliche doch irgendwie möglich machen können.

Mir ist selbstverständlich bewusst, dass in Unternehmen die »Vorgaben von oben« oft die Heiligen Kühe des Managements sind. Man hat sie nicht infrage zu stellen, sie sind unumstößlich und es käme einer ketzerischen Blasphemie gleich, dagegen aufzubegehren.

 **Andererseits werden durch die scheinbare Unfehlbarkeit von Unternehmenszielen Widerstände an der Basis oft überhaupt erst produziert.**

Insbesondere dann, wenn man dort schon des Öfteren die Erfahrung gemacht hat, dass unrealistische Vorgaben gemacht und Bedenken nicht gehört werden und sich am Ende doch mit weitaus geringeren Resultaten ohne Konsequenzen zufriedengegeben wird. Die Folge: Ideen und Vorgaben werden von Ihrem Team ungnädig aufgenommen, und es wird auch nicht mit besonders kreativer Energie an der Umsetzung gearbeitet. Dennoch gibt es Unterschiede. Unternehmen mit Mitarbeitern, die ein kritisches Machbarkeitsdenken mit einer prinzipiellen Aufgeschlossenheit gegenüber neuen Herausforderungen verbinden, werden in Zukunft gegenüber ihren Konkurrenten im Vorteil sein.

Nun können Sie selbstverständlich einwenden, dass viele Unternehmen noch weit von dieser Idealvision entfernt sind – und auch dort die Mitarbeiter dennoch nicht in Scharen davonlaufen. Zugegeben, so schnell und einfach wechselt niemand den Arbeitsplatz, nur weil er mit manchen Dingen im Unternehmen unzufrieden ist. Allerdings geht einem tatsächlichen Arbeitsplatzwechsel ja in den meisten Fällen ein längerer Entscheidungsprozess voraus. Wen es aus einem Unternehmen wegzieht, der hat meist schon vor längerer Zeit innerlich die Leinen losgemacht. Er wartet nur noch auf einen günstigen Wind, um die Segel zu setzen und mit der nächsten Flut auszulaufen. Am Ende dieser Entwicklung steht der Entschluss, sich zu neuen Ufern aufzumachen. Davon bekommen Sie als Chef in der Regel noch gar nichts mit, weil dies der Mitarbeiter zunächst mit sich selbst und seinem Umfeld ausmacht. Sobald aber klar ist, dass Ihr Mitarbeiter nicht mehr auf eine Verbesserung in Ihrem Unternehmen, sondern auf einen Wechsel setzt, beginnt die Phase, in der er nach konkreten Möglichkeiten des Ausstiegs Ausschau hält. Der formalen Kündigung geht somit immer eine Phase voraus, in der der Mitarbeiter bereits innerlich gekündigt hat. Er ist dann zwar physisch noch anwesend, hat aber im Grunde mit Ihnen und Ihrem Unternehmen schon längst abgeschlossen. Hinzu kommt:

 **Wenn qualifizierte Mitarbeiter oder Manager das Unternehmen verlassen, setzt sich immer eine kostenintensive Nachbesetzungsmaschinerie in Gang.**

Meistens wird der Aussteiger zunächst einmal von weiteren beruflichen Verpflichtungen freigestellt, damit er nicht noch einen Flächenbrand der negativen Emotionen bei den anderen Mitarbeitern auslöst oder sich womöglich betriebliche Interna verschafft. Sie brauchen kein Organisationspsychologe zu sein, um sich auszumalen, wie wenig Produktivität das Unternehmen dann noch für das volle Gehalt, das es dem Mitarbeiter ja weiterhin zahlt, erhält.

In der Realität wird diese Phase des inneren Umbruchs auch von diversen »krankheitsbedingten« Fehlzeiten und gelegentlichen Arbeitsgerichtsprozessen begleitet. Unter dem Strich also eine äußerst unerfreuliche und kostenintensive Angelegenheit, da nicht nur die Produktivität massiv abnimmt, sondern zudem die tatsächlichen Personalkosten immens ansteigen. Zudem müssen Sie sich während der Trennungsphase schon parallel nach einem adäquaten Ersatz umschauen. Auch die Gewinnung eines neuen Mitarbeiters ist mit erheblichen Kosten verbunden. Sie müssen Stellenanzeigen schalten oder einen Headhunter beauftragen. Anschließend steigen Sie in die Bewerberauswahl ein, führen Gespräche und entscheiden sich schließlich für eine Kandidatin oder einen Kandidaten, um den freigewordenen Platz zu besetzen. Je höher die Anforderungen an den Arbeitsplatz sind, desto umfangreicher, langwieriger und dementsprechend teurer werden die Suche und die Einarbeitung der neuen Kraft sein. Allerdings haben Sie sich bis jetzt für viel Geld nur einen Ersatz für das geschaffen, was vorher ohnehin schon da war.

Selbstverständlich hoffen Sie darauf, mit der neuen Besetzung eine bessere Wahl getroffen zu haben. Sie wünschen sich einen Mitarbeiter, der sich der Mühen und Investitionen wert erweist und im Idealfall sogar noch bessere Leistungen als sein Vorgänger erbringt, ohne seinerseits wieder auf das unproduktive Abstellgleis der inneren Kündigung abzuzweigen. Das alles wissen Sie aber (noch) nicht. Vielleicht wird mit der Neubesetzung alles nur noch schlimmer, weil sich der vielversprechende Nachfolger doch als Fehlbesetzung entpuppt und der ganze mühsame Prozess von Neuem beginnt.

Oftmals ist gerade beim Weggang von Führungskräften zu beobachten, dass diese innerhalb kurzer Zeit eine »Stellenerosion« auslösen. Sind sie erst einmal im nächsten Unternehmen angekommen und haben sich dort etabliert, holen sie die kompetenten Mitarbeiter aus dem alten Unternehmen nach. Die Chefsekretärin, den Assistenten, den Projektmanager; mitunter sogar den Chauffeur. Überflüssig zu erwähnen, dass selbstverständlich nur diejenigen Mitarbeiter nachgeholt werden, die als kompetent erlebt wurden und mit denen schon in der Vergangenheit eine erfolgreiche Zusammenarbeit gut funktioniert hat. Das Winning-Team wandert ab, während die inkompetenten, schwierigen und erfolgloseren Mitarbeiter im alten Unternehmen zurückgelassen werden. Allen Konkurrenzklauseln und wettbewerblichen Vorsichtsmaßnahmen zum Trotz geschieht es darüber hinaus nicht selten, dass auch lukrative Kunden, wertvolles Know-how oder aussichtsreiche Geschäftsideen mitgenommen und im neuen Unternehmen zu Geld gemacht werden. Hierfür hat das alte Unternehmen dann zwar die Entwicklungskosten getragen, ohne jedoch von den darauf aufbauenden Erfolgen zu profitieren. Auf die gleiche Weise entstehen Ihnen auch auf Mitarbeiterebene hohe Kosten durch unzufriedene, innerlich auf dem Absprung befindliche Mitarbeiter. Was spricht also dagegen, einen Teil dieser Kosten für die Entwicklung eines stabilen Teams und die Festigung von persönlichen Beziehungen auf Augenhöhe zu investieren?

> Es sind die Qualität der zwischenmenschlichen Beziehungen und die Sinnhaftigkeit der Arbeit, die Mitarbeiter motivieren, sich langfristig an Ihr Unternehmen zu binden.

Zugegeben, das kostet Geld, und zwar nicht wenig. Auf lange Sicht werden Sie jedoch weniger Geld ausgeben und gleichzeitig mit Ihrer Mannschaft produktiver sein als ein Unternehmen, das sich lediglich darauf beschränkt, unzufriedene, unproduktive Mitarbeiter kostenintensiv loszuwerden, um dann nach fragwürdigen Neubesetzungen zu suchen. Auch hier brauchen Sie einen langfristigen Blick und die

Überzeugung, dass es letztlich nicht die finanziellen Belohnungen oder Sanktionen sind, die Menschen an ein Unternehmen binden. Sondern es sind die Qualität der zwischenmenschlichen Beziehungen und die Sinnhaftigkeit der Arbeit, die die Mitarbeiter über längere Zeit dort zu halten vermögen.

Unternehmen mit einem solch souveränen Weitblick sind angesehen – bei Kunden und Mitarbeitern gleichermaßen. Sie haben eine Sogwirkung für kompetente Mitarbeiter und ermöglichen langfristige, stabile Beziehungen. Damit erreichen Sie weniger Fluktuation und eine höhere Identifikation mit dem Unternehmen.

11. Klar Schiff machen: Ihre persönliche Grundausstattung

Darum geht es jetzt!
Warum Sie die verschiedenen Führungsstile vergessen können und warum Führung ohne Werte im wahrsten Sinne des Wortes »wertlos« ist. Welche persönlichen Grundhaltungen und Kompetenzen für ein »stimmiges« Führen hilfreich sind. Warum es bei der Führung so wichtig ist, sein Wesen und seinen Charakter zu kennen.

Führung ohne Werte ist »wertlos«

»Edel sei der Mensch, hilfreich und gut; denn das allein unterscheidet ihn von allen Wesen, die wir kennen!« – das hat bereits Herr Goethe festgestellt. Dies gilt selbstverständlich auch für Führungskräfte. Vielleicht sogar in besonderem Maße, da sie eine hohe Verantwortung für die ihnen unterstellten Mitarbeiter und das von ihnen geführte Unternehmen tragen. An diese hohe Verantwortung sind hohe Anforderungen und Erwartungen gekoppelt. Über die halbgottähnlichen Charaktereigenschaften, über die Führungskräfte verfügen sollten, habe ich ja schon gesprochen. Um sich in diesem Wust von Anforderungen zurechtzufinden, braucht es Grundwerte, die Ihren Kurs bestimmen und an denen Sie sich immer wieder orientieren können. Am besten natürlich positive Werte wie Ethik, Moral, Vertrauen und Integrität.

Ohne diese Werte ist Führung »wertlos«. Aber ganz so einfach ist das mit den Werten nicht. Das liegt vor allem daran, dass gerade positive Eigenschaften nicht für sich allein, also nicht isoliert existieren können.

 **Es braucht immer einen Gegenpol, der verhindert, dass eine grundsätzlich positive Eigenschaft in ein negatives Extrem abdriftet oder umschlägt.**

Ein Beispiel: Für eine erfolgreiche Unternehmensführung müssen Sie immer auch die Kosten im Blick behalten. Wenn Sie zu teuer produzieren, sind Sie mit Ihrem Produkt am Markt nicht wettbewerbsfähig. Auch geht es darum, verantwortungsbewusst mit den Einnahmen bzw. dem Kapital Ihres Unternehmens umzugehen. Um diesem Anspruch gerecht zu werden, benötigen Sie eine Kompetenz oder positive Charaktereigenschaft wie »Sparsamkeit«. Nun stellen Sie sich aber einmal vor, dass Sparsamkeit an dieser Stelle Ihre einzige Charaktereigenschaft ist. Dann würden Sie Kosten einsparen und Ausgaben vermeiden, wo immer es nur geht. Das würde dazu führen, dass die eigentlich positive Eigenschaft »Sparsamkeit« sich in eine negative Un-Tugend wie »Geiz« verkehrt. Damit wäre Ihrem Unternehmen aber nicht wirklich geholfen, weil Sie sich nur noch für die billigsten Arbeitskräfte, Produktionsmittel oder Vertriebswege entscheiden würden. Vielleicht würden Sie auf wichtige und notwendige Investitionen verzichten und kein Geld für Marketingmaßnahmen oder Kundenakquise ausgeben. Dann können Sie gleich einpacken. Sparsamkeit hilft Ihnen also nur, wenn ihr ein anderer positiver Gegenwert gegenübersteht, etwa »Großzügigkeit« oder »Investitionsbereitschaft«. Aber auch hier ist zu bedenken, dass diese positiven Werte, wiederum für sich allein genommen, langfristig in den unternehmerischen Ruin führen würden. Denn dann würden Sie ohne Rücksicht auf Ihre Ressourcen Geld ausgeben. Letztlich würde Großzügigkeit zu »Verschwendungssucht« verkommen. Ein wirklich verantwortungsvolles Handeln ist also nur im Spannungsfeld zwischen Sparsamkeit und Großzügigkeit, zwischen Kostenbewusstsein und Investitionsbereitschaft zu verwirklichen.

Und so verhält es sich im Führungsalltag auch mit anderen Werten. Was wäre Stabilität ohne die Fähigkeit zum Wandel? Innovationsfreudigkeit ohne Traditionsbewusstsein? Wo wären Sie als Führungskraft, wenn Sie neben aller Durchsetzungskraft nicht auch zu gegebener Zeit über ein hohes Maß an Einfühlungsvermögen verfügen würden? Führen bedeutet ja bekanntlich Fordern, aber auch Fördern. Je nachdem, was gerade gebraucht wird. Man wird von Ihnen in Ihrer Rolle als Führungskraft ein hohes Maß an Offenheit und Transparenz erwarten. Gleichzeitig gibt es Situationen, in denen man sich auf Ihre strenge Vertraulichkeit und Verschwiegenheit verlassen können muss. Wer wettbewerbsfähig sein will, muss strategische Entscheidungen treffen und diese gegebenenfalls bis zum idealen Zeitpunkt zurückhalten. Es geht also nicht allein darum, sich für bestimmte Werte zu entscheiden und an diesen dann unbeirrt und unter allen Umständen festzuhalten, sondern sich der Ambivalenz und Dualität dieser Positionen bewusst zu sein.

 **Führen bewegt sich in diesem Spannungsfeld, und es ist Ihre Aufgabe, sich immer wieder um unausweichliche Kompromisse zwischen diesen Alternativen zu bemühen.**

Darüber hinaus tun Sie gut daran, für einen pragmatischen Umgang mit Widersprüchlichkeiten in Ihrem gesamten Unternehmen oder Team zu sorgen. Denn Führung ist immer von Widersprüchen begleitet. Deshalb ist es ja so wichtig, dass Sie in der Führungsrolle beide Seiten im Blick behalten und für einen angemessenen Ausgleich sorgen. Dabei kommt es in vielen Situation auf Ihre Grundhaltung gegenüber Ihrem Unternehmen, aber vor allem gegenüber Ihren Mitarbeitern an.

Der amerikanische Psychotherapeut Carl Rogers hat sich intensiv mit hilfreichen Grundhaltungen auseinandergesetzt, die es Menschen ermöglichen, in persönlichen Beziehungen zu wachsen. Dabei ist Rogers zunächst einmal von dem psychoanalytischen Ansatz Sigmund Freuds ausgegangen und hat sich gefragt, ob man denn tatsächlich immer erst einmal für viele, viele Sitzungen zum Psychoanalytiker auf die Couch muss, um zu tragfähigen Lösungen für persönliche Probleme zu kommen. In seiner therapeutischen Arbeit bezeichnet er die Menschen, die er begleitet, im Gegensatz zu Freud nicht mehr als Patienten, sondern als Klienten. Dieser Wandel der Begrifflichkeit sagt viel über seine innere Haltung und sein Menschenbild aus. Er versteht sich selbst nämlich nicht mehr als höher gestellter Experte, der mit seinem Wissen den Patienten mit all dessen Defiziten und Problemen wie ein Arzt behandelt. Sondern er sieht sich vielmehr als Dienstleister seines Klienten, mit dem er sich auf Augenhöhe trifft. Rogers hat sich auch damit auseinandergesetzt, welche Grundhaltungen im persönlichen Kontakt als besonders hilfreich erlebt werden, nämlich »Akzeptanz«, »Echtheit« und »Empathie«. Wenn es Ihnen gelingt, mit dieser Grundausstattung Ihren Mitarbeitern zu begegnen, haben Sie gute Voraussetzungen für ein produktives Miteinander geschaffen. Zudem geht er davon aus, dass wir Menschen alle Anlagen mitbringen, die für unser persönliches Wachstum und unsere problemlösende Weiterentwicklung zuständig sind. Es braucht nur günstige Rahmenbedingungen, in denen wir uns gut entwickeln können.

In Shakespeares Tragödie vom dänischen Prinzen Hamlet zweifelt der Titelheld, ob er sich an seinem Onkel für dessen Mord an Hamlets Vater rächen soll oder nicht. Bis er sich endlich zum Handeln entschließt und seinen Onkel tatsächlich tötet, braucht er im Theater sechs große Monologe, je nach Inszenierung sind das drei bis vier Stunden Zeit, und am Ende sind alle tot. Da sitzen Sie dann manchmal am Schluss des Stückes ganz erschöpft in Ihrem Theatersessel und fragen sich, ob man das nicht auch schneller hingekriegt hätte – und mit weniger Leichen.

Kompetente Führungspersönlichkeiten sind meistens in der Lage, mit ihren inneren Konflikten konstruktiv umzugehen.

Auch Führen ist kein geradliniger Prozess, der immer den gleichen Regeln und Gesetzmäßigkeiten folgt. Dementsprechend braucht es Führungspersönlichkeiten, die mit einem hohen Maß an Flexibilität auf die jeweiligen Anforderungen des Führungsalltags reagieren können. So, wie es im Außen unterschiedliche Einflussfaktoren gibt, sind auch die inneren Anteile und Positionen von Führungskräften keineswegs immer trennscharf voneinander abgegrenzt. Der Zweifel bzw. die Ambivalenz ist ein klassisches Beispiel für einen inneren Konflikt. Soll ich oder soll ich nicht? »Sein oder Nichtsein – das ist hier die Frage.« Da gibt es ganz unterschiedliche Stimmen in der Brust, die sich bei verschiedenen Entscheidungen melden und einen Einfluss auf das Ergebnis nehmen. Schön wäre es, wenn Sie zu jeder Zeit mit vollkommener innerer Klarheit genau wüssten, wie Sie zu reagieren haben oder agieren wollen. Das entspricht aber nicht unserer Lebensrealität, weder im Privat- noch im Berufsleben. In der Wirklichkeit sieht es doch vielmehr so aus, dass dort, wo Einigkeit herrschen sollte, die innere Pluralität regiert. Manchmal melden sich in uns zu verschiedenen Themen ganz unterschiedliche Stimmen, die miteinander oft auch noch im Streit liegen. Friedemann Schulz von Thun, von dem schon die Rede war, hat dies mit dem Modell vom »Inneren Team« beschrieben. Wie bei einer Mannschaft, die zum Beispiel auf dem Fußballplatz spielt, gibt es unterschiedliche Positionen zu besetzen: Da sind der Stürmer, der Verteidiger, der Torwart sowie diverse Außenpositionen. Jeder Spieler bringt für sich genommen unterschiedliche Kompetenzen mit ins Spiel, die erst im gelungenen Miteinander den Mannschaftserfolg ermöglichen.

Mit angemessener innerer Haltung schwierige Situationen lösen

Was aber, wenn uns die innere Pluralität auch im Außen in eine schwierige Situation bringt? Neulich war ich zu der Jahreshauptversammlung eines großen Fahrlehrerverbandes eingeladen. Solche Jahreshauptversammlungen werden, wie anderenorts auch üblich, von Sponsoren mitfinanziert, die im Gegenzug ihre Produkte oder Dienstleistungen auf angemieteten Ausstellungsflächen anbieten können. Insbesondere Automobilhersteller sehen in der Fahrlehrerschaft eine attraktive Zielgruppe, um letztlich bei Fahranfängern ein positives Image ihrer Fahrzeuge aufzubauen. An diesem Tag war die Volkswagen AG der Hauptsponsor und der Vertriebsleiter durfte im Rahmen der Veranstaltung ein kurzes »Grußwort« an die anwesenden Mitglieder richten. Genau genommen ist dies ein von VW hoch bezahlter Werbeslot, mit der einmaligen Gelegenheit, sich der hoch geschätzten Zielgruppe konkurrenzlos zu präsentieren. Eine echte und seltene Chance, um einen werbewirksamen, nachhaltigen Eindruck zu hinterlassen.

An diesem Tag war es für den Vertriebsleiter von VW sicher keine leichte Aufgabe, denn der Automobilkonzern war immer noch aufgrund des Skandals um die Manipulationen der Abgaswerte in den Schlagzeilen. Trotzdem war er jetzt mit seinem Grußwort dran: Er tritt vor aller Augen ans Rednerpult, hinter ihm die PowerPoint-Folien von

VW. Und dann passiert es: Er beginnt seinen Vortrag damit, dass er sich sehr für den Dieselskandal sowie die krummen Machenschaften des VW-Konzerns schäme (das muss er gleich zweimal sagen) und dass er von seinem Management maßlos enttäuscht sei. Er selbst habe aber von alledem nichts gewusst. Obwohl er sich so schäme, glaube er, dass VW trotzdem ganz gute Autos bauen würde. Dann klickt er sich durch die von der Marketingabteilung hergestellten Standardvortragsfolien mit hochtrabenden Werbebotschaften. Diese Schlagworte betet er ohne weitere Erklärung herunter und stolpert dabei etwas unbeholfen durch die gekünstelten Texte. Vermutlich liest er sie selbst heute zum ersten Mal, denn das Wort »avantgardistisch« will ihm auch beim dritten Anlauf nicht fehlerfrei über die Lippen kommen. Und dann geschieht das Folgende: Er könne hier zwar jetzt ein neues VW-Modell vorstellen, aber das sei wohl leider für Fahrschulen gar nicht geeignet. Er habe auch keine besseren Fotos von den neuen Modellen, weil das Management ihm diese noch nicht zur Verfügung gestellt habe. Da würde es auf »www.bild.de« schon wesentlich bessere Aufnahmen geben. Außerdem sei die Reichweite der neuen Elektromodelle in den Prospekten total geschönt, er aber halte es da lieber mit der Ehrlichkeit. Zudem gebe es Lieferschwierigkeiten mit der Sonderausstattung für Fahrschulfahrzeuge, weil das Management hier wohl auch falsch geplant habe.

> **Führungspersönlichkeiten überzeugen mit innerer Klarheit – nicht mit Distanzierung zur eigenen Sache.**

Viele Zuhörer haben sich inzwischen ihren Handys zugewandt oder den Saal verlassen. Die restlichen 300 Augenpaare sehen zu, wie der Vertriebschef mitsamt seiner Präsentation absäuft und seinen Konzern gleich mit in die Tiefe zieht. Alle atmen auf, als das Trauerspiel endlich vorbei ist.

Zweifellos ein peinliches Desaster, aber was ist hier schiefgelaufen? Der Vertriebsleiter hat gleich zwei Kardinalfehler auf einmal gemacht. Er hat zum einen seine eigene Betroffenheit in den Vordergrund gestellt und zum anderen seine Präsentation nicht ausreichend gut vorbereitet. Die Hauptbotschaft, die an diesem Tag bei den Zuhörern ankommt, lautet: »Ich stehe heute hier mit großem Widerwillen, und auch nur, weil mir nichts anderes übrig bleibt. Deshalb habe ich mir auch nicht besonders viel Mühe gegeben. Aber irgendwie muss ich das jetzt hinter mich bringen.« Dadurch entsteht bei den Zuhörern gleich doppelt der Eindruck, dass ihm die Anwesenden und das Thema nicht wirklich wichtig sind und er den Auftritt vorrangig für seine eigene Rehabilitation nutzt. Dieser Fauxpas hätte im Übrigen auch dem Vertriebsleiter eines anderen Kfz-Herstellers passieren können. Denn auch andere Automobilkonzerne waren wegen manipulierter Abgaswerte in die öffentliche Kritik geraten.

Wie geht man nun mit so einer Situation um, wenn man sich bei so einer Gelegenheit vor die gesamte Kundenzielgruppe stellen darf – oder wie in diesem Fall wohl eher: stellen muss? Was hätte er anders machen können? Wie hätte er mit dem Imageverlust des eigenen Unternehmens, seinem inneren Zwiespalt, seinem Widerstand und seiner Scham umgehen sollen? Oder ist eine solche Situation von vornherein zum Scheitern verurteilt? Wäre es besser gewesen, wenn er sich einfach krankgemeldet hätte? Nicht unbedingt.

 **Eine solch brisante innere Gemengelage bedarf allerdings der sorgfältigen Klärung und Vorbereitung, insbesondere dann, wenn der Außenauftritt so extrem wichtig ist.**

Dazu gehört einerseits, sich der eigenen Stimmung und Gefühlslage bewusst zu sein (Widerwillen, Scham, Enttäuschung, aber auch Stolz und Überzeugung für das Produkt). Darüber hinaus ist es jedoch genauso wichtig, sich den äußeren Kontext zu verdeutlichen: Was sind die Anforderungen und Erwartungen, die dieser Auftritt mit sich bringt? Und diese äußeren Anforderungen sind durchaus vielschichtig. So hat der Konzern hier sicher das Interesse, sich der Zielgruppe optimal zu präsentieren, Kunden zu gewinnen und damit die Verkaufszahlen zu steigern. Auf dem Vertriebschef lastet der Erwartungsdruck, dass für den hohen Werbeaufwand eine entsprechende Wirkung bei den Kunden erzielt werden soll. Am besten bringt er direkt von der Veranstaltung schon weitere Abschlüsse mit oder hat zumindest wertvolle Kontakte geknüpft. Die Zuhörer im Saal interessiert meistens kaum, wie es dem Referenten geht und welche persönlichen Probleme ihn plagen. Ihnen geht es vorrangig um ihre eigenen Interessen.

Alternativ hätte seine Botschaft ungefähr so aussehen können: »Sie können sich ja sicherlich vorstellen, dass es mir nach all den Negativmeldungen der letzten Zeit nicht leichtfällt, heute vor Sie zu treten und zu Ihnen zu sprechen. Ich stehe aber trotzdem hier und halte loyal zur Marke VW, weil ich von der Qualität unserer Fahrzeuge überzeugt bin. Daran ändert sich für mich auch nichts, wenn einige hochrangige Mitarbeiter durch kriminelle Manipulationen unserem Ansehen und dem Vertrauen in die Marke VW sehr geschadet haben. Ich weiß aber auch, dass viele von Ihnen das ebenfalls so differenziert betrachten können. Deshalb freue ich mich sehr darüber, dass Sie unseren hochwertigen Fahrzeugen dennoch weiter die Treue halten. Dafür habe ich heute ein besonderes ›Dankeschön‹ für Sie mitgebracht.« Und dann hätte er ein echtes »Hammerangebot« aus dem Köcher ziehen müssen, das alle Anwesenden von den Stühlen reißt. Damit wäre er einerseits authentisch gewesen, hätte die Wahrheit der Situation angesprochen und wäre außerdem seiner Rolle als Werbeträger und Vertriebschef gerecht geworden. Und selbstverständlich hätte er vorher seine Hausaufgaben machen müssen, indem er sich optimal und individuell auf diesen speziellen Vortrag vorbereitet sowie seine Präsentation geschmeidig und souverän beherrscht. Dann hätten alle Beteiligten die Möglichkeit gehabt, diese schwierige Situation doch noch zu bewältigen.

Wie führen Sie richtig? Stimmigkeit mit doppelter Blickrichtung

Die Literatur zum Thema Führung ist voll mit der Beschreibung verschiedener Führungsstile. Da gibt es den autoritären und den kooperativen Führungsstil oder den Führungsstil, der auf Laisser-faire setzt. Da wird von »Zuckerbrot und Peitsche« gesprochen oder vom (hoffentlich) sprichwörtlichen Tritt in den Hintern. Der Filialleiter einer großen Einzelhandelskette, den ich einmal gecoacht habe, nannte das immer »Das Wort zum Sonntag«, wenn er am Samstag nach Dienstschluss seine Mitarbeiter noch einmal ins Gebet nahm, um ihnen für das kommende Wochenende noch einmal die Leviten zu lesen. Ich habe mit Führungskräften gearbeitet, die unbedingt »der Freund« ihrer Mitarbeiter sein wollten und Chefs, die sich so abfällig über ihre

Untergebenen äußerten, dass es mir noch jetzt eiskalt den Rücken herunterläuft.

 **Fragen Sie zehn verschiedene Manager und Sie bekommen zwanzig verschiedene Empfehlungen für den idealen Führungsstil.**

Das hilft Ihnen nun aber nicht wirklich weiter, sondern verwirrt Sie noch mehr, wenn es um die Frage geht, wie Sie richtig führen können. Vielleicht haben Sie bei der obigen Aufzählung an manchen Stellen innerlich zugestimmt und bei anderen wiederum ablehnend den Kopf geschüttelt. Je nachdem, wie es Ihrer individuellen Wertvorstellung von Führung und Ihrer Persönlichkeit entspricht. Und so hat jeder von uns sicher eine mehr oder minder klare Vorstellung davon, wie es denn nun für ihn selbst und für seine Mitarbeiter am besten sein sollte.

Dabei entsteht oftmals der Eindruck, man könnte sich für einen bestimmten Führungsstil entscheiden, mit dem man dann seine Mitarbeiter lenken möchte. Fast so, als würden Sie sich für eine Sportart oder ein Musikinstrument entscheiden, das Sie gern lernen wollen. Aus psychologischer Sicht ist die Sache mit dem Führungsstil aber gar nicht so einfach und schon gar nicht beliebig auswähl- oder austauschbar. Denn Sie können im Grunde genommen nur so führen, wie es Ihrem eigenen Wesen entspricht. Wenn Sie eher zu den autoritären Menschen gehören, wird es Ihnen vermutlich widerstreben, Ihre Mitarbeiter kooperativ zu führen. Und umgekehrt wird es Ihnen schwerfallen, in Ihrem Team mal ordentlich auf den Tisch zu hauen, wenn Sie doch eigentlich der Kumpeltyp sind. Wenngleich ich ganz eindeutig eine kooperative Führung mit Anstand und Respekt auf Augenhöhe favorisiere, ist mir dennoch klar, dass Menschen nur so führen können, wie es ihrem persönlichen Strickmuster, ihrem Charakter und den äußeren Gegebenheiten entspricht. Dieses individuelle Führungsverhalten hat dann auf der einen Seite bestimmte Vorteile und auf der anderen Seite gewisse Risiken und Nebenwirkungen im Schlepptau. Und die müssen Sie einfach kennen, damit Sie mit Ihrem persönlichen Führungsstil möglichst gut fahren. Deshalb empfehle ich auch keinen speziellen Führungsstil, sondern einen, der stimmig ist.

Aber was ist denn eigentlich mit dem Begriff »stimmig« gemeint? Das Konzept der »Stimmigkeit« hat Schulz von Thun (2014) ursprünglich in Hinblick auf stimmige Kommunikation beleuchtet und für den Bereich der Mitarbeiterführung noch einmal angepasst. Gemeint ist dabei eine Stimmigkeit mit doppelter Blickrichtung: Zum einen sollten Sie so führen, wie es Ihrer Persönlichkeit und Ihrem Wesen entspricht. Wesensgemäße Führung bedeutet, sich nicht zu verbiegen oder etwas zu tun, was einem in tiefster Seele widerspricht. Damit sind jetzt allerdings nicht die unliebsamen Aufgaben gemeint, die Führung nun einmal mit sich bringt und die dennoch an Ihnen als Führungspersönlichkeit hängenbleiben.

Führen Sie so, wie es Ihrem Wesen und dem äußeren Rahmen entspricht.

Zum anderen heißt Stimmigkeit, in Übereinstimmung mit der jeweiligen Situation und dem äußeren Kontext zu agieren. Schließlich ist das Berufsleben keine Therapiesitzung, in der Sie sich hemmungslos gehen lassen können. Außerdem sind Sie mit den Menschen um sich herum nicht ganz freiwillig oder zufällig zusammen, sodass Sie Ihre Launen und ureigensten Charaktereigenschaften ungebremst herauslassen könnten. Im Übrigen empfiehlt sich das auch nicht für Privatbeziehungen. Es sein denn, Sie legen es unbedingt gerade auf eine Trennung oder einen Rauswurf an. Der äußere Rahmen, in dem Sie sich als Führungskraft befinden, gibt immer auch hier die Richtung für persönliches Verhalten vor. In manchen Zusammenhängen regeln sogar strenge Protokollvorgaben den Ablauf. Der Staatsempfang im Bundestag, die Papstaudienz, Hochzeiten, Kindertaufen und Begräbnisse. Das alles dient letztlich auch der Sicherheit für alle Beteiligten, weil sich so das Unerwartete und Unkalkulierbare auf ein überschaubares Maß reduzieren lässt. Zum äußeren Rahmen gehören im weitesten Sinne alle Konventionen, die im jeweiligen Kulturkreis als akzeptabel gelten. Diese Konventionen sind ausgesprochen oder unausgesprochen angenommene Übereinkünfte, die das Zusammenleben regeln und vereinfachen. Und genau hier liegt die große Herausforderung:

 Es geht darum, eine ausgewogene Balance zwischen innerer Befindlichkeit und persönlichen Bedürfnissen einerseits sowie den Anforderungen des äußeren Rahmens und den Erwartungen an die Führungsrolle andererseits zu finden.

Im Berufsalltag begegnen Ihnen immer wieder Vorgesetzte, Kollegen oder Mitarbeiter, bei denen ein Übergewicht auf der einen oder anderen Seite zu erkennen ist. Der eine ist zwar sehr authentisch und nimmt dabei kein Blatt vor den Mund. Allerdings mangelt es ihm manchmal an Feingefühl und Takt. Seine Kommunikation und sein Verhalten sind oftmals »daneben«. Er ist der prädestinierte und hauptamtliche Fettnäpfchentreter. Wenn er sich in ungewohnten Situationen auf das Glatteis der freien Rede begibt, halten alle um ihn herum die Luft an und hoffen darauf, dass der Kelch der Peinlichkeit für dieses Mal an ihnen vorübergehen möge.

Auf der anderen Seite finden Sie Menschen, die zwar sehr im Einklang mit der äußeren Situation und ihrer Rolle sind. Allerdings wirken sie in ihrem Verhalten immer etwas steril oder gekünstelt. Hier wird der Mensch in der professionellen Rolle nicht so richtig erkennbar, denn er bleibt hinter der Fassade des Kontextes verborgen. Ihm und seinem Umfeld täte es gut, wenn es von seiner Seite öfter auch mal »menscheln« würde. Das darf dann auch durchaus einmal etwas über das Ziel hinausgehen. Hauptsache, die Persönlichkeit kommt mit ihren Ecken und Kanten zum Vorschein. Insbesondere Führungskräften tut es gut, nicht immer nur den Anschein der Perfektion und Unfehlbarkeit nach außen zu wahren, denn gerade kleine persönliche Schwächen machen nahbar und sympathisch.

12. Lotse an Bord: Hilfreiche Impulse von innen und außen nutzen

Darum geht es jetzt!
Was Sie über Coaching und Fortbildungen unbedingt wissen sollten und warum jeder Impuls zur Weiterentwicklung so wichtig ist. Wieso Ihnen gerade das Unbequeme bei schwierigen Entscheidungen hilft. Unter welchen Umständen die Kommunikation auf Augenhöhe auch mit Bedenkenträgern von Vorteil ist.

Wann Coaching wirklich Sinn macht

Der Begriff »Coaching« hat sich mittlerweile fest in der Businesswelt etabliert. Es bleibt allerdings meist unklar, was sich denn nun genau hinter diesem schillernden Begriff verbirgt bzw. wie ein Coaching denn sinnvollerweise abläuft. Das mag zum einen daran liegen, dass sich mit dem Begriff ganz unterschiedliche Einsatzfelder zum Beispiel im Einzel-, Team- oder auch Projektcoaching verbinden. Zum anderen ist die Bezeichnung »Coach« oder »Coaching« nicht geschützt, sodass sich jeder selbsternannte Experte als Coach bezeichnen darf und prinzipiell Coaching für alles Mögliche anbieten kann. Das macht es schwierig, zu einer konkreten Vorstellung und allgemeingültigen Definition zu gelangen. Im weitesten Sinne kann beim Coaching aber wohl von einem Beratungsprozess ausgegangen werden.

Im Zusammenhang mit einem veränderten Führungsverständnis und flachen Hierarchien kommen auch Führungskräfte immer mehr in eine Beraterrolle gegenüber ihren Mitarbeitern. Das funktioniert allerdings nur, wenn Sie sich als Führungskraft von eigenen Zielvorgaben freimachen können – und dürfen. Sonst ist es schwierig, hier wertfrei und ergebnisoffen miteinander in Kontakt zu treten. Denn als Führungskraft sind Sie ja doch immer auch der Vorgesetzte; derjenige, der am Ende die Entscheidung treffen oder zumindest vertreten muss. Sie sind derjenige, der Ziele und den Rahmen vorgibt sowie Ergebnisse bewertet. Das bedeutet für Sie immer eine Personalunion, die auch der gecoachte Mitarbeiter nicht ausblenden kann. Es stellt sich in dem Zusammenhang die Frage, ob hier wirklich unabhängig von hierarchischen Unterschieden auf Augenhöhe miteinander gearbeitet werden kann. Denn vielleicht spielt Ihr Mitarbeiter das Spiel ja auch nur deshalb mit, weil er denkt, dass dies jetzt von ihm erwartet wird, er anderenfalls Nachteile befürchtet oder sich einfach nicht traut, »Nein« zu sagen. Insofern stellt sich die Frage, ob ein interner oder externer Coach zum Einsatz kommen soll. Diese Frage ist jedoch nicht einfach – und keinesfalls pauschal – zu beantworten, weil es viele Argumente für und wider beide Varianten gibt.

 **Wir unterscheiden zwischen externem und internem Coaching.**

Beim internen Coaching kommt der Coach aus den eigenen Reihen des Unternehmens. Dies hat den Vorteil, dass er den Laden kennt und weiß, wie dort der Hase läuft. Er weiß um die historischen Hintergründe, die gewachsenen Strukturen und er kennt oftmals auch die inoffiziellen Kanäle, den Busch-Funk sowie die Leichen im Keller. Sein großer Vorteil gegenüber einem Externen ist zugleich sein größtes Manko. Er gehört zum Unternehmen und unterliegt damit, teils sogar unbewusst, den dortigen Einflüssen. Er ist den festgeschriebenen Regeln und ungeschriebenen Gesetzen ausgesetzt und manchmal selbst in die Konflikte verstrickt, bei deren Lösung er eigentlich helfen soll. Damit ist er nicht nur Teil des Systems, sondern vielleicht sogar Teil des Problems – obwohl es ja bei Baron Münchhausen funktioniert haben soll, sich samt Pferd am eigenen Haarschopf aus dem Sumpf zu ziehen, ist dies beim internen Coaching oft eine schwierige Angelegenheit. Bei komplexen Problemen ist es immer fraglich, ob und inwieweit eine Lösung innerhalb des Systems überhaupt möglich ist. Wir schauen später noch auf unterschiedliche Problemtypen und -konstellationen, bei denen genau dies schwierig ist. Vor einem internen Coaching sollte daher immer geklärt werden, ob das gewünschte Ergebnis nicht am Ende doch preiswerter durch einen externen Coach erreicht werden kann. Zugegeben, der liegt zwar mit seinen Tagessätzen vermutlich deutlich über den direkten internen Kosten. Er kommt aber vielleicht aufgrund der fehlenden internen Verstrickung schneller zu einem tragfähigen Ergebnis.

Im Gegensatz zum internen Coaching kommt der externe Coach von außen ins Unternehmen, was jedoch nicht bedeuten muss, dass er von dem Unternehmen überhaupt keine Vorstellung hat. Vielleicht handelt es sich um jemanden, der schon öfter für das Unternehmen als Trainer oder Berater tätig gewesen ist. Denkbar ist auch, dass das Coaching im wahrsten Sinne des Wortes extern, also außerhalb des Unternehmens in den Räumlichkeiten des Coaches oder an einem anderen neutralen Ort (zum Beispiel in einem Seminarhotel) stattfindet. Beim externen Coach liegt zweifellos ein entscheidender Vorteil darin, dass er nicht im System steckt und den internen Prozessen und Dynamiken nicht unterliegt. Er hat auch kein verstecktes Interesse am Erhalt seines Arbeitsplatzes und ist deshalb nicht von diesen Einflüssen betroffen. Selbstverständlich ist auch er als Freiberufler oder Mitarbeiter einer Unternehmensberatung an Klienten bzw. Aufträgen interessiert. Allerdings ist sein Blick in der Regel nicht nur auf einen Kunden ausgerichtet, sondern er ist für mehrere Unternehmen tätig. Das Unternehmen, für das er coacht, ist nicht das einzige, das seinen Verdienst und damit auch seine Existenz sichert. Dieser Umstand hilft ihm, den unverstellten Blick des Betriebsfremden einzunehmen und interne Zusammenhänge oder Abläufe kritisch zu hinterfragen. Er braucht kein Blatt vor den Mund zu nehmen; er ist nicht Teil des Systems und damit auch nicht Teil des Problems. Bei ihm besteht weniger die Gefahr der »Betriebsblindheit«, zumindest solange er selbst noch nicht in die Strukturen verstrickt und selbst ins System hineingezogen worden ist. Dies kann gerade bei längeren Coachingeinsätzen allerdings durchaus passieren, wenn sich der Coach immer mehr mit dem Unternehmen und den inneren Prozessen vertraut gemacht hat. Insofern besteht bei längeren oder häufigeren Coachingprozessen auch bei einem Externen die Gefahr, dass er die wertvolle Naivität des Außenstehenden einbüßt.

 Zusammengefasst ist ein – internes oder externes – Coaching immer dann sinnvoll, wenn es nach gründlicher Vorüberlegung in einem klar definierten Rahmen stattfindet, zielgerichtet eingesetzt wird, der Coach über geeignete Beratungsmethoden verfügt und sich die Beteiligten wirklich auf einen ergebnisoffenen Prozess einlassen wollen.

Nicht alles Gute kommt von außen

Wenn ich in meinen Vorträgen und Trainings über die Fallstricke und Phänomene des zwischenmenschlichen Miteinanders spreche, Konflikte analysiere und Lösungsstrategien vorstelle, fragen mich Teilnehmer immer wieder, ob es in meinem Leben eigentlich noch Probleme mit anderen Menschen gebe, weil ich doch so ein Fachmann für Psychologie und Kommunikation sei. Ich erzähle dann manchmal von meiner gescheiterten Ehe oder von meinen diversen Beziehungskisten, die ich mit Vollgas an die Wand gefahren habe. Ich spreche über die zahlreichen Konflikte, die ich trotz aller Bemühungen überhaupt nicht in den Griff bekommen habe, oder ich schildere Situationen, in denen meine ganze vermeintliche Souveränität mit Pauken und Trompeten den Bach runtergegangen ist. Zum Beispiel berichte ich von meinem Seminar-Waterloo, als mir ein Zwei-Tage-Seminar mit Volldampf um die Ohren geflogen ist und bei dem ich am Ende nur noch mit zwei Teilnehmern dasaß. Und vermutlich waren auch diese beiden letzten Tapferen nur noch aus Mitleid mit mir in der Veranstaltung geblieben. Der Veranstalter hat mir zwar später in einer gemeinsamen Problemanalyse bestätigt, dass daran wohl die unrealistischen Erwartungen der Teilnehmer schuld gewesen seien und ich mir darüber bitte keine Sorgen machen solle. Aber ich bin von diesem Unternehmen nie wieder angefragt worden.

Dann sehen mich viele meiner Zuhörer mit großen Augen an und verstehen, dass mir mein ganzes professionelles Wissen und meine gesamte Erfahrung wenig nützen, weil ich in schwierigen Situationen als Beteiligter den gleichen Mechanismen wie jeder andere unterliege. Ich bin gekränkt oder fühle mich angegriffen, greife zu unangemessener Polemik oder ziehe mich beleidigt zurück. Dann will ich nicht vernünftig sein oder mich in den anderen hineinversetzen – ich denke gar nicht daran. Glücklicherweise erlebe ich diese Situationen im beruflichen Zusammenhängen nicht allzu oft, sonst müsste ich mich fragen, ob es für mich vielleicht nicht doch besser wäre, Ackerbau und Viehzucht zu betreiben als zu coachen und zu beraten.

Weiterentwicklungsimpulse von außen tragen zum Unternehmenswachstum bei – aber nur, wenn sie zielgenau gesetzt werden.

Für eine positive Entwicklung von Unternehmen und den in ihnen tätigen Menschen sind deshalb die Impulse von außen unverzichtbar. Denn ohne sie würden alle irgendwann nur noch im eigenen Saft vor sich hin köcheln, bis das Feuer irgendwann ausgeht. Externe Unterstützung und Weiterbildung sind insbesondere dann sinnvoll, wenn sie von den Beteiligten auch tatsächlich als hilfreich eingeschätzt werden und sich anschließend Verbesserungen im Unternehmensalltag feststellen lassen. Dabei müssen Sie allerdings berücksichtigen, dass es eine eindeutige Tendenz gibt, Fortbildungsmaßnahmen positiv zu bewerten. Dieses Phänomen finden Sie bei allen, die an solchen Maßnahmen direkt beteiligt sind: bei Entscheidern und Einkäufern, bei den Seminarteilnehmern und natürlich auch beim Seminarleiter. Das hängt im Wesentlichen damit zusammen, dass ein kritisch-wohlwollender Blick zwar »en vogue« ist und auch von offizieller Seite sehr willkommen geheißen wird. Allerdings sind wir hier den meist unbewusst ablaufenden psychologischen Mechanismen ausgesetzt, gegen die wir uns nur schwerlich zur Wehr setzen können. Dies betrifft vor allem die Tendenz, Dinge, mit denen wir uns eine Zeit beschäftigt haben, im Nachtrag positiv zu bewerten, um damit die investierte Energie auch vor uns selbst zu rechtfertigen. Wenn es unnütz gewesen wäre, hätten wir ja einen Teil unserer wertvollen Lebenszeit vollkommen umsonst investiert. Dies hat auch damit zu tun, dass wir immerzu darum bemüht sind, unser positives Selbstbild zu erhalten oder wiederherzustellen.

Außerdem kämpfen Sie im weiten Feld der beruflichen Weiterbildung gegen eine inflationäre Fortbildungskultur an. Da werden mitunter Maßnahmen verordnet und umgesetzt, die eher als Feigenblatt dienen und in Wirklichkeit der Umsetzung anderer Ziele dienen, wie beispielsweise der Erfüllung bestimmter Qualitätsmanagement-Auflagen. Gelegentlich müssen auch einfach rechtliche Vorgaben durch jährliche Fortbildungsauflagen erfüllt werden. In diesem Bereich halten Dozenten dann ihre Vorträge »von der Stange«, ohne sie an die Bedürfnisse und Gegebenheiten des jeweiligen Unternehmens anzupassen. An solchen Seminaren nehmen die Mitarbeiter wiederum vor allem deshalb teil, weil sie es müssen (»Besser zur Fortbildung, als überhaupt kein Schlaf!«). In diesen Veranstaltungen beschäftigen sich die Teilnehmer vorrangig mit ihren Handys, lesen die Zeitung, unterhalten sich oder dösen vor sich hin. Das hat mit Fortbildung und persönlicher Weiterentwicklung natürlich nicht das Geringste zu tun. Das ist vielmehr aktives Verbrennen von Kapital, sowohl hinsichtlich der Kosten als auch der Human Resources.

 **Das ist Vernichtung von Arbeits- und Lebenszeit ohne entsprechenden Output, denn hier wird nur in die Erfüllung von Formalitäten investiert.**

Das Schlimmste daran ist aber: Alle wissen es, alle hassen es – und alle machen dennoch mit. Wenn Sie als Führungskraft in eine neue Abteilung kommen oder eine neue Führungsposition übernehmen, kann es darum von großem Wert sein, zu hinterfragen, wie sinnvoll die aktuell laufenden Fortbildungsmaßnahmen wirklich sind.

Wenn Sie sich die Probleme von Unternehmen anschauen und sich fragen, wie es dazu kommen konnte, dann taucht in den nachträglichen Fehleranalysen immer wieder die Frage auf, warum der Weg in die Katastrophe niemandem viel früher aufgefallen ist. Warum haben nicht schon zu einem früheren Zeitpunkt irgendwo die Alarmglocken geschrillt? Wie konnte es passieren, dass die Lawine jetzt mit dieser ungebremsten Wucht über alle hereinbricht und alle mit sich in den Abgrund reißt? Und dann stellt sich plötzlich heraus: Die kritischen Stimmen der Bedenkenträger hat es durchaus schon viel früher gegeben. Es hat sie nur keiner hören oder ernst nehmen wollen. Gerade in der Euphorie einer viel versprechenden Zukunftsplanung haben es die Mahner und Kritiker nicht leicht, sich Gehör zu verschaffen. Und noch schwieriger wird es für sie, sich mit ihren Bedenken im allgemeinen positiv erlebten Aufwind durchzusetzen und tatsächliche Veränderungen zu bewirken. Man hätte viel früher andere Entscheidungen treffen und sich von dem eingeschlagenen Weg verabschieden müssen. Es ist ja auch nicht gerade leicht, ohne die Erfahrung des Scheiterns schon zu Beginn berechtigte Kritik von kleinkarierter Bedenklichkeit und destruktiver Miesmacherei zu unterscheiden.

Das Unbequeme willkommen heißen

Was wäre eine Demokratie ohne eine echte Opposition? Was ein Vorstand ohne einen funktionierenden Aufsichtsrat? Was ein Rechtsstaat ohne die Gewaltenteilung zwischen Legislative, Exekutive und Judikative – und der Presse als vierter Gewalt? Wir haben ja gerade in der deutschen Geschichte in überschaubarer Vergangenheit zweimal erlebt, wohin eine Gleichschaltung dieser Instanzen führt. Und am Ende hat es nur ganz wenigen gefallen. Zugegeben, es ist anstrengend und zeitintensiv, sich mit anderen Meinungen und Sichtweisen auseinanderzusetzen. Dennoch zeigt sich in der Rückschau immer wieder, dass die ganz großen Probleme dort entstehen, wo Einzelne glauben, etwas besser als eine Gruppe von Menschen beurteilen zu können und umsetzen zu müssen.

Genauso verhält es sich mit der Opposition in den Unternehmen. Dort können Sie bei den meisten Beteiligten zunächst einmal eine positive Absicht unterstellen, denn auch die Bedenkenträger haben grundsätzlich kein Interesse daran, das Unternehmen, bei dem sie angestellt sind, an die Wand zu fahren und sich damit letztlich auch die eigene Existenzgrundlage zu entziehen. Wer möchte schon gern den eigenen Ast absägen oder später auf verbrannter Erde weiterarbeiten müssen? Deshalb sollten Ihnen gerade die unbequemen Ansichten willkommen sein. Denn im günstigen Fall verzögern sie »nur« den Entscheidungsprozess und kosten Geld. Ein Abwürgen mit Killerphrasen oder Ignorieren führt jedoch vielleicht zu einem negativen Endergebnis, zum Totalausfall des Projekts oder im schlimmsten Fall sogar zum Konkurs des Unternehmens.

Führung mit Weitblick heißt auch, spätere möglicherweise negative Folgeentwicklungen zu berücksichtigen, die eine aktuelle Entscheidung im Gepäck haben könnte. Gerade hierfür brauchen Sie die Bedenkenträger mit Weitblick in Ihrem Team. Aber Sie brauchen konstruktive und wohlwollende Zweifler und keine Skeptiker, die nur aufgrund einer unreflektierten Angst vor Veränderung Alarm schlagen. Denn größtenteils verbirgt sich hinter der Fassade des kritischen Analysten lediglich ein kleinkariertes Konkurrenzdenken und die Sorge um die eigenen lieb gewordenen Annehmlichkeiten.

 **Führungspersönlichkeiten, die über strategischen Weitblick verfügen, beziehen die konstruktiven Bedenkenträger in ihre Entscheidungen ein – die destruktiven Äußerungen der Skeptiker aber nicht.**

Als Führungskraft finden Sie sich im Spannungsfeld von angemessenen Forderungen (»Das muss jetzt irgendwie gehen!«) und unrealistischen Überforderungen (»Das ist so nicht zu machen!«) wieder. Das gilt selbstverständlich auch für Ihre Kommunikation mit Ihren Vorgesetzten. Hier haben Sie die Verpflichtung, auch nach oben klar zu kommunizieren, wenn Ihnen eine Zielvorgabe zu hoch, zu optimistisch oder schlicht unerreichbar erscheint. Das ist in der Regel ein ständiges Austarieren, was immer mal wieder mit Unsicherheiten einhergeht. Es kann dann durchaus eine gute Zwischenlösung sein, bei eigener Ratlosigkeit die neuen Vorgaben erst einmal aufzunehmen, um sie anschließend mit den Kompetenzträgern (und nicht nur mit den hauptamtlichen Bedenkenträgern) im eigenen Team zu besprechen und zu diskutieren, wie diese Vorgaben hinsichtlich ihrer Umsetzbarkeit eingeschätzt werden. Und vorausgesetzt, die Vorgaben würden bestehen bleiben: Welche Ressourcen wären erforderlich, um sie vor welchem realistischen Zeithorizont umsetzen zu können? Wenn Sie über ein kompetentes Team verfügen, das darüber hinaus auch noch genügend Selbstbewusstsein hat, um Ihnen offen die Meinung zu sagen, dann erhalten Sie wertvolle Argumente und Orientierungshilfen, mit denen Sie jetzt wiederum an Ihre Vorgesetzten herantreten können.

Wer den Widerspruchsgeist seiner Mitarbeiter konstruktiv nutzt, verhindert Psychotricks.

Stärken Sie also den Widerspruchsgeist Ihrer Mitarbeiter. Machen Sie es Ihrem Umfeld leicht, Kritik zu äußern. Hier darf es keine Heiligen Kühe und Unfehlbarkeiten geben. Dabei kann es helfen, zum Beispiel anonyme Hinweisgebersysteme oder die Stelle eines Ombudsmanns zu etablieren. Es darf nicht viel Mut erfordern,»Nein« zu sagen. Ansonsten laufen Sie Gefahr, dass aus Sorge vor Gesichtsverlust oder Repressalien wichtige Informationen hinter dem Berg gehalten werden. Ein Vorteil dabei: Ihre Mitarbeiter investieren ihre Energien nicht in Psychotricks oder Ähnliches, sondern nutzen ihren Widerspruchsgeist, die Entwicklung des Unternehmens voranzubringen.

Obwohl dieses Buch ein klares Plädoyer für langfristige Lösungen und Perspektiven ist, gibt es dennoch immer wieder Konstellationen, in denen das Erreichen kurzfristiger Ziele Vorfahrt hat. Gerade in Krisensituationen geht es vielfach zunächst um nichts anderes als darum, das Überleben des Unternehmens zu sichern oder zumindest größeren Schaden abzuwenden. Es gibt aber auch viele Entscheidungssituationen, in denen Sie eine Wahl haben, ob Sie sich jetzt aus Bequemlichkeit für einen kurzfristigen Etappensieg um (fast) jeden Preis entscheiden oder doch lieber der Versuchung widerstehen und dann den mühsameren Weg nehmen sowie auf das längerfristige Ziel einzahlen. Ich möchte Ihnen Mut machen, zumindest vor solchen Entscheidungen noch einmal kurz innezuhalten und das Für und Wider abzuwägen. Wenn *Sie* es nicht tun, tun es die anderen vermutlich erst recht nicht. Zu groß ist die Versuchung, sich auf den schnellen Erfolg zu stürzen.

 **In der Konsequenz setzt dies ein hohes Maß an Souveränität und Führungskompetenz voraus, um nicht auf den vermeintlich einfachen Weg der Psychotricks (zumindest gelegentlich) zurückzuschwenken.**

Es bedeutet auch zu überlegen, welche Ihrer Mitarbeiter und Führungskräfte bereit sein werden, diesen Weg mitzugehen und sich auf eine Kommunikation auf Augenhöhe einzulassen. Schließlich erfordert das auch von Ihren Mitarbeitern viel Aufgeschlossenheit, Mut und die Bereitschaft, Verantwortung zu übernehmen. Voraussichtlich wird es auch einzelne Teammitglieder geben, die Ihre Mannschaft früher oder später verlassen werden bzw. müssen, weil ihnen die neue Ausrichtung nicht zusagt. Hier sollten Sie allerdings nicht zu vorschnell urteilen, denn es kann durchaus sein, dass eine Kursänderung mit neuen Aufgaben und Arbeitsabläufen sowie einem veränderten offenen Miteinander ein längerer Veränderungsprozess ist, der nicht allen Beteiligten gleichermaßen flott von der Hand geht. Sie sollten diesen Mitarbeitern dann die Zeit geben, sich mit dem Veränderungsprozess zu beschäftigen und doch noch auf Ihren Kurs einzuschwenken.

Die Entscheidung für ein Führen auf Augenhöhe trifft sich erst einmal leicht, aber als Unternehmer oder Führungskraft geben Sie damit zunächst auch viel Kontrolle auf und damit ein vermeintlich wirkungsvolles Machtinstrument aus der Hand. Hier brauchen Sie die Bereitschaft, in eine Veränderung zu investieren, ohne dass Sie dafür gleich etwas anderes in Ihrem Werkzeugkasten zur Verfügung hätten. Vielleicht sagen Sie sich jetzt: »Ich würde ja gern noch mehr auf eine werteorientierte Führung mit Langzeitblick setzen, aber in manchen entscheidenden Momenten fehlt mir das Handwerkszeug dazu, um eine Kursänderung einzuleiten oder beizubehalten.« Dann finden Sie im nächsten und letzten Teil des Buches ein paar unterstützende Tools dafür. Ich habe Ihnen eine kleine Auswahl von Interventionen, Checklisten und Leitfäden für unterschiedliche Situationen zusammengestellt. Gelegentliche weiterführende Fragen und kleine Übungen helfen Ihnen, sich zu sortieren, Klarheit in die eigene Situation zu bringen und wieder die sprichwörtliche Handbreit Wasser unter den Kiel zu bekommen.

TEIL IV

Die Manager-Toolbox für Ihre Kommandobrücke

In den nächsten Kapiteln finden Sie Werkzeuge, Interventionen, Checklisten, Leitfäden, Übungen und Praxisbeispiele für ein Führen ohne Psychotricks. Es geht jetzt darum, die bisher beschriebenen Zusammenhänge und psychologischen Grundlagen in der Praxis anzuwenden.

13. Der Kompass für Ethik und Anstand – so bestimmen Sie den richtigen Kurs

Darum geht es jetzt!
Warum das Führen mit Respekt und Anstand entscheidend ist. Welche hilfreichen Leitfragen und Interventionen für Entscheidungen in Schlüsselsituationen es gibt. Wie Sie erkennen, worin der wichtige Unterschied zwischen »persönlich« und »privat« besteht. Was Sie unbedingt beim Coaching Ihrer Mitarbeiter beachten sollten.

Unter der Flagge von Anstand und Respekt

Wenn Sie unter der Flagge von Anstand und Respekt segeln wollen, brauchen Sie dafür eine Crew, die gewillt ist, unter Ihrem Kommando ihren Dienst zu tun. Eine Mannschaft, die das Ziel kennt, voll dahintersteht und bereit ist, sich auf Ihren Kurs einzulassen. Sie brauchen Menschen an Bord, die selbst bei rauem Wetter und stürmischer See an Ihrer Seite stehen und ihren Job machen, ohne zu meutern. Kurz, eine Truppe, auf die Sie sich verlassen können und die zusammen mit Ihnen für die gemeinsamen Unternehmensziele in dieselbe Richtung rudert. Andererseits braucht es einen Kapitän, der für diese Ziele steht und sie im alltäglichen Miteinander auch lebt. Und wie der Fisch bekanntlich vom Kopf her anfängt zu stinken, so legen gerade Sie in der Führungsrolle mit Ihrer Haltung und Ihren Handlungen den Grundstein dafür, dass Ihr Team und Sie unter der Flagge von Anstand und Respekt harmonieren. Der Schlüssel für Anstand und Respekt liegt in der Wertschätzung, die Sie anderen gegenüber an den Tag legen. Dies hat zuallererst etwas mit Ihrer persönlichen Einstellung zu tun.

 **SIE sind das wichtigste Vorbild für Ihre Mitarbeiter. Wer mit Ehre, Respekt und Anstand führt, sorgt für ein gedeihliches Miteinander.**

Gestatten wir uns noch einmal einen kurzen Seitenblick zu Herrn Shakespeare: Hamlet bittet den Hofkämmerer Polonius darum, die soeben am Königshof eingetroffenen Schauspieler gut zu behandeln. Polonius versichert ihm, er wolle sie »nach ihrem Verdienst behandeln«. Darauf entgegnet Hamlet ihm ganz entsetzt: »Potz Wetter, Mann, viel besser! Behandelt jeden Menschen nach seinem Verdienst, und wer ist vor Schlägen sicher? Behandelt sie nach eurer eignen Ehre und Würdigkeit.«

Wie sieht es diesbezüglich in Ihrem Unternehmen aus? Hierzu ein paar Leitfragen:

- Behandeln Sie Ihre Mitarbeiter auch nach Ihrer eigenen »Ehre und Würdigkeit«? Wie denken Sie im Grunde Ihres Herzens über Ihre Mitarbeiter? Arbeiten diese für Sie oder mit Ihnen? Sind es lediglich Ihre »Mit-Arbeiter« oder verstehen Sie sich gemeinsam mit ihnen als ein Team?
- Wo stehen Ihre Mitarbeiter im Vergleich zu Ihnen? Und zwar nicht bezogen auf ihre Position im Organigramm, sondern gefühlt. Stehen sie unter Ihnen, und wenn ja: Wie groß ist der Abstand zu Ihnen?
- Stehen Ihre Mitarbeiter neben Ihnen, Seite an Seite? Und falls ja: Stehen dort alle Teammitglieder mit dem gleichem Abstand zu Ihnen oder stehen Ihnen einzelne Mitarbeiter näher?
- Oder ist es vielleicht auch umgekehrt, dass einige Ihrer Mitarbeiter gefühlt über Ihnen stehen? Und wenn ja: Welche und warum? Wie weit stehen sie über Ihnen? Stehen alle Ihre Mitarbeiter oder nur einige davon gefühlt über Ihnen? Wenn es Unterschiede gibt: Was macht den Unterschied aus?

Wenn Sie erste Antworten auf diese Fragen gefunden haben, gehen Sie den nächsten Schritt und fragen sich:

- Welches Verhalten von mir unterstützt diese Konstellation?
- Womit bin ich zufrieden und was würde ich gern ändern?
- Was müsste passieren, um die gewünschten Veränderungen herbeizuführen?

In vielen Fällen sind solche gefühlten oder tatsächlichen Konstellationen der Ausdruck Ihrer persönlichen Einstellungen und Sichtweisen. Denn alles nimmt an dieser Stelle seinen Anfang. Gerade beim Thema »Respekt« lässt sich dies gut verdeutlichen. Wie halten Sie es mit dem Respekt? Erwarten Sie Respekt von Ihren Mitarbeitern? Vermutlich ja. Aber welche Art von Respekt erwarten Sie genau? Möchten Sie, dass man Ihnen als Chef in Ihrer übergeordneten Position – etwas übertrieben gesprochen – huldigt und Ihnen Ehrfurcht entgegenbringt? Oder möchten Sie vor allem als Mensch respektiert werden, unabhängig von der Autorität, die Ihnen durch Ihre Position zukommt? Viele Chefs erwarten oder wünschen sich, dass Ihre Mitarbeiter sie aufgrund ihrer persönlichen Autorität oder vielleicht auch wegen ihres Charismas achten und respektieren. Allerdings verhalten sie sich insbesondere in Konfliktsituationen doch wieder eher autokratisch. Und dann wundern sie sich, dass der Respekt sowie die echte Anerkennung ihres Umfelds auf der Strecke bleiben.

Ein weiterer Anhaltspunkt hinsichtlich des Respekts ist in Ihrer Sprache zu finden. Was und wie Sie sprechen, spiegelt Ihre Grundhaltungen und Meinungen wider, da Sie mit jeder geäußerten Botschaft auch immer etwas über sich selbst nach außen vermitteln. Ob Sie wollen oder nicht – Sie wissen ja: »Man kann nicht *nicht* kommunizieren.« Wenn Sie Ihren eigenen Sprachstil einmal unter die Lupe nehmen, können Sie sich fragen:

- Wie spreche ich mit meinen Mitarbeitern?
- Dürften meine Mitarbeiter in demselben Ton mit mir sprechen? Wenn nein: Warum nicht? Was würde mich daran stören?
- Wäre unsere Beziehung in sprachlicher Hinsicht umkehrbar? Wenn ja: Was bedeutet das?

Damit sind nicht die formalen und sachlichen Aspekte zwischen Ihnen und den Mitgliedern Ihres Teams gemeint, die selbstverständlich nicht umkehrbar sind. Denn als Führungskraft oder Vorgesetzter haben Sie schließlich von vornherein eine machtvollere Position, aus der Sie agieren und Dinge tun, die Ihre Mitarbeiter nicht tun können, zum Beispiel Anweisungen geben, Abmahnungen oder Kündigungen aussprechen, Ziele vorgeben, überwachen, kontrollieren und bewerten. Dennoch stellt sich in hierarchischen Zusammenhängen immer die Frage nach der Umkehrbarkeit (Reversibilität) – ob Sie also gegenüber Ihren Mitstreitern einen Ton anschlagen, den diese auch Ihnen gegenüber verwenden dürften.

 **Dort, wo Reversibilität möglich ist und tatsächlich auch gelebt wird, stehen die Chancen gut, dass Sie im Umgang mit Ihrem Team bereits unter der Flagge von Anstand und Respekt segeln.**

Wie Sie in Schlüsselsituationen die richtigen Entscheidungen treffen

Es gibt immer wieder Situationen, in denen Sie einen kurzfristigen Vorteil gegen eventuelle negative Spätfolgen abwägen müssen. Manchmal bedienen wir uns dabei der intuitiven Folgenabwägung und Wahrscheinlichkeitsrechnung, um zu prüfen: Wie wahrscheinlich ist es, dass das negative Ereignis oder gar der Worst Case eintritt?

In solchen Situationen ist meistens nicht die Unwissenheit das Problem, sondern die Unentschlossenheit oder Ratlosigkeit. Sie wissen sich keinen Rat, weil Sie in einer inneren Pattsituation feststecken. Die verschiedenen Optionen liegen eigentlich glasklar auf dem Tisch; dennoch ist es Ihnen einfach (noch) nicht möglich, sich zu entscheiden. Sie schieben die Entscheidung immer wieder vor sich her, ohne dass Sie einer Lösung tatsächlich näher kommen.

Und dann gibt es mindestens eine Stimme in Ihrem Inneren Team, die sich mit der Idee nicht anfreunden kann. Dieser »innere Bedenkenträger« gibt einfach keine Ruhe, und so schwanken Sie immer wieder zwischen Wunsch und Zweifel. Manchmal gibt es auch juristische oder zumindest moralische Bedenken. Dann können Ihnen die folgenden Fragen dabei helfen, Klarheit in die Situation zu bringen:

* Wie wäre es, wenn meine Aktion die Schlagzeile auf der ersten Seite der Bild-Zeitung abgeben würde?
* Was würden mein Vorstand, mein Chef oder mein Partner dazu sagen?
* Dürften es alle meine Freunde wissen? Wie würden sie darauf reagieren?
* Könnte ich die Hintergründe dieser Entscheidung auch gegenüber den Betroffenen ganz offen kommunizieren und rechtfertigen?
* Hätte ich ein Problem damit, wenn ich bei dieser Aktion von einer versteckten Kamera gefilmt werden würde?
* Angenommen, man würde eine Ethikkommission mit der Prüfung der Angelegenheit beauftragen. Wie würde sie den Fall beurteilen?

Bitte nicht verwechseln: Privates und Persönliches

In unserer Businesswelt und speziell in Führungsetagen dominieren Zahlen, Daten, Fakten. Es geht um die Sachebene, auf der Probleme bearbeitet, Abschlüsse getätigt und Geschäftsbeziehungen geknüpft werden. Preise, Statistiken, Bilanzen, Wertsteigerungen, Entwicklungspotenziale und allerlei sonstige Kennzahlen stehen dabei im Vordergrund. Wer die Kunst der Wirtschaftsmathematik und Fakten-Jonglage beherrscht, ist im Vorteil gegenüber allen anderen, die sich in diesem Bereich nicht so gut auskennen. Dies täuscht aber darüber hinweg, dass es nicht die Unternehmen, sondern immer die Menschen sind, die miteinander Geschäfte machen, Konditionen oder Preise verhandeln, Konflikte austragen und Beziehungen eingehen. Menschen lassen sich aber nicht auf statistische Kennzahlen, mathematische Grundgrößen oder einen rein sachlichen Berufskontext reduzieren. Sie kommen vielmehr mit all ihrer Unzulänglichkeit, ihren Emotionen, ihren Sehnsüchten und ihrer menschlichen Liebenswürdigkeit daher. Auch Manager steuern nicht nur Abteilungen, Konzerne oder Märkte, sondern sie nehmen einen persönlichen Einfluss auf die Menschen, die dort agieren. Deshalb lässt sich die Sachebene nicht von der Beziehungsebene trennen – es geht immer auch um das Persönliche.

Kritik an unserer Arbeit ist kaum von uns selbst zu trennen. Schließlich ist es ja unsere Person, die den Anlass zur kritischen Rückmeldung liefert. Wenn Sie eine ganze Reihe von Bewerbungen geschrieben haben, aber immer nur Absagen erhalten, vielleicht sogar noch nicht einmal zu einem Bewerbungsgespräch eingeladen wurden, beginnen Sie an sich zu zweifeln. Auch an Ihren persönlichen Fähigkeiten. Zwar wissen wir vom Kopf her, dass wir bei den Absagen und Zurückweisungen nicht persönlich gemeint sind, da man uns ja nicht als ganzheitlichen Menschen kennengelernt hat. Und dennoch hilft uns dieses Wissen nicht wirklich weiter: Wir sind persönlich betroffen. Auch Langzeitarbeitslosigkeit rüttelt irgendwann am Selbstbewusstsein. Geben Sie sich deshalb nicht dem Irrglauben hin, das »Persönliche« in Ihrer Arbeit außen vor halten zu können. Weder bei Ihren Mitarbeitern noch bei sich selbst. Das wäre ja fast so, als wenn man von Ihnen verlangen würde, beim Betreten Ihres Unternehmens Ihre persönlichen Empfindungen in der Pförtnerloge abzugeben, um sie nach getaner Arbeit dort wieder unbeansprucht in Empfang zu nehmen.

> Durch den angemessenen Umgang mit Privatem und Persönlichem können Sie an authentischer Kontur gewinnen und Vertrauen aufbauen.

Es gibt allerdings einen feinen Unterschied zwischen »persönlich« und »privat«, der im Geschäftsleben oftmals verwechselt wird: Persönlich sind alle Emotionen und inneren Reaktionen, die mit der Arbeit direkt in einem Zusammenhang stehen, wie Frustration, Enttäuschung, Freude, Existenzängste, aber auch Ärger und Aggressionen. Und alles das hat sehr wohl mit dem Job zu tun. Ein Chef, der sich bei seiner Mitarbeiterin im Ton vergreift, und dann, wenn die Mitarbeiterin anfängt zu weinen, entgegnet: »Nun bleiben Sie mal sachlich. Wenn Sie sich durch meine Kritik derart verletzt fühlen, dann ist das Ihre Privatangelegenheit«, vermischt ganz eindeutig das Private mit dem Persönlichen.

Zu den privaten Dingen gehören zum Beispiel die politische oder sexuelle Orientierung, Krankheiten oder Beziehungsprobleme außerhalb des beruflichen Kontextes, welche Hobbys jemand hat oder an welche Organisationen er bzw. sie Geld spendet. Dies alles ist in der Tat sehr privat und geht im Unternehmen niemanden etwas an. Es wird häufig auch als Affront empfunden, wenn Sie jemand nach Ihrer Krankengeschichte oder Ihrem Kontostand fragen würde oder wissen möchte, welche Partei Sie gewählt haben.

Allerdings verläuft hier eine feine Grenze, die nicht immer leicht zu erkennen und zu handhaben ist. Wenn sich eine Mitarbeiterin oder ein Mitarbeiter gerade nach langjähriger Ehe im Streit von dem Partner trennt, dann ist das selbstverständlich eine Privatangelegenheit, die mit der Arbeit und Ihnen als Chef eigentlich gar nichts zu tun hat. Und dennoch nimmt dieses Ereignis einen großen Einfluss auf sie oder ihn, und damit auf die Arbeitsfähigkeit. Und ein Mitarbeiter, dessen Vater kürzlich verstorben ist und der jetzt sehr mit seiner Trauer zu schaffen hat, kann vielleicht auch am Arbeitsplatz seine Tränen nicht immer zurückhalten. Er bringt diese »Privatangelegenheit« in die Firma mit. Es gibt also durchaus private Dinge, die einen Einfluss auf das Berufsleben haben und deshalb auch in den persönlichen Bereich gehören.

Für Führungskräfte ist dies eine heikle Gratwanderung zwischen einem Nicht-ignorieren-Wollen bzw. Nicht-ignorieren-Können auf der einen Seite und einer Verunsicherung andererseits, wie denn nun damit umzugehen ist. Heraus kommt meistens ein halbherziges Sowohl-als-auch mit einer pseudoprivaten Zurückhaltung: »Soll ich darauf eingehen, vielleicht sogar nachfragen, oder tappe ich damit schon in den privaten Vorgarten des Mitarbeiters und mache mich als Chef damit sogar angreifbar?« Wenn Sie in einer solch verzwickten Lage unsicher sind, kann es helfen, sowohl die Situation als auch die eigene Unsicherheit anzusprechen. Beispielsweise könnten Sie sagen:

»Ich merke, dass mich die Situation etwas verunsichert und ich möchte gern keine Fehler machen. Einerseits möchte ich Ihnen nicht zu nahe treten, weil es sich ja schließlich um eine private Angelegenheit handelt. Andererseits bekomme ich mit, dass Sie weinen und es Ihnen nicht gut geht. Darum möchte ich natürlich reagieren, weil ich als Chef auch eine Fürsorgepflicht habe. Außerdem muss und möchte ich mir Klarheit darüber verschaffen, ob Sie überhaupt arbeitsfähig sind oder ich Sie vielleicht sogar nach Hause schicken müsste.«

Und dann sollten Sie eine entsprechende Einladung aussprechen, die die Verantwortung zum Umgang mit der Situation beim Mitarbeiter lässt und Ihnen dennoch wichtige Information für Ihr weiteres Vorgehen liefert:

> *»Können Sie mir sagen, was für Sie jetzt hilfreich wäre und wie Sie an meiner Stelle am besten mit der Situation umgehen würden?«*

Mit einer solchen Intervention können Sie kaum etwas falsch machen, denn der Mitarbeiter gibt Ihnen durch seine offenen oder verdeckten Äußerungen oder auch durch nonverbale Signale Hinweise darauf, dass ihn das Thema offenbar auch während seiner Arbeitszeit sehr beschäftigt. Außerdem ist der gemeinsame Kontext, in dem Sie sich befinden, ja letztlich kein privater, sondern ein beruflicher.

Selbst wenn der Umgang mit Privatem und Persönlichem oftmals ein Drahtseilakt für Sie als Führungskraft ist, steckt darin auch eine große Chance:

 **Durch das Ansprechen der eigenen Betroffenheit werden Sie für Ihr Umfeld als Mensch auf der Beziehungsebene erlebbar und greifbar. Mit dieser Nahbarkeit gewinnen Sie an authentischer Kontur und bauen Vertrauen auf.**

Alle an Bord? So werden Sie zum Coach Ihrer Mitarbeiter

Die verschiedenen Vor- und Nachteile eines internen Coachings habe ich ja schon in Kapitel 12 erwähnt. Angenommen, Sie haben sich jetzt für ein internes Coaching entschieden und wollen als Chef einen Mitarbeiter oder Kollegen coachen: Wie gehen Sie jetzt am sinnvollsten vor?

Kein Start ohne Kurs und Ziel: Die Weichen für einen erfolgreichen Coachingprozess werden schon beim Abklären der Rahmenbedingungen gestellt. Wenn also ein Coaching schiefgeht bzw. ins Leere läuft, liegt es fast immer daran, dass diesem Rahmen am Anfang zu wenig Aufmerksamkeit geschenkt wurde. Über das Was und Wie wurde anfänglich kaum gesprochen und zu rasch in die Aktion gegangen. Dann passiert es sehr oft, dass Ihnen diese Nachlässigkeit im Verlauf des Prozesses oder spätestens am Ende mit aller Macht um die Ohren fliegt. Das Coaching liefert keine oder vollkommen irrelevante Ergebnisse oder zieht sich endlos hin. Die anfängliche Euphorie weicht einer enttäuschenden Ratlosigkeit, und plötzlich macht sich das Gefühl breit, dass alle gemeinsamen Anstrengungen nichts gebracht haben. Um solche Misserfolge zu vermeiden, beginnen Sie am besten zunächst mit einer Selbstklärung, die die folgenden sieben Schritte umfasst:

- **Schritt 1:** Fühlen Sie sich wirklich kompetent, in einen Coachingprozess einzusteigen? Woher nehmen Sie diese Kompetenz und Zuversicht (Coachingausbildung, Erfahrung mit Beratungsprozessen, positive Rückmeldungen aus Ihrem Umfeld)? Verfügen Sie über umfangreiche Erfahrung in der Begleitung von Mitarbeitern?

- **Schritt 2:** Haben Sie derzeit wirklich ausreichend Kapazitäten frei, um sich dem Coaching neben Ihrer sonstigen Tätigkeit widmen zu können? Bedenken Sie dabei auch, dass Coachingsitzungen der Vor- und Nachbereitung bedürfen.

- **Schritt 3:** Kaum ein Coaching verläuft am Ende so, wie es am Anfang geplant war. Oftmals entsteht erst während des Prozesses ein erhöhter Zeit- und Klärungsbedarf. Darum: Dürfen auch andere Themen oder Anliegen besprochen werden, die sich vielleicht erst im Verlauf des Prozesses ergeben? Hier sollten Sie als Coach unbedingt einen Spielraum für Unvorhergesehenes haben. Können Sie dann auch außerplanmäßig zur Verfügung stehen und für Ihren Mitarbeiter erreichbar sein? Haben Sie ausreichende Interventionen und Werkzeuge parat, falls der Prozess ins Stocken geraten sollte?

- **Schritt 4:** Sind Sie wirklich offen für die Anliegen Ihres Mitarbeiters und können Sie sich von Ihren eigenen Zielen bzw. Vorgaben frei machen? Falls nicht: Gibt es Bedingungen des Unternehmens für den Coachingprozess oder ausdrückliche, implizite oder versteckte Ziele, auf die Sie mit Ihrem Mitarbeiter zusteuern sollen? Wenn ja: Können Sie sich mit den Zielen identifizieren und die erforderliche Transparenz und Rollenklarheit gewährleisten?

- **Schritt 5:** Ist es trotz hierarchischer Unterschiede dennoch möglich, wirklich vertrauensvoll und ergebnisoffen miteinander in den Prozess einzusteigen? Sieht Ihr Coachee das genauso?

- **Schritt 6:** Könnte ein externer Coach hier hilfreicher, preiswerter, entlastender, unvoreingenommener, kompetenter, verfügbarer sein? Wenn ein Externer nicht infrage kommt, kann ein Kompromiss darin liegen, einen internen Coach aus dem Unternehmen einzusetzen, der dann aber aus einer anderen Abteilung, Sparte oder Niederlassung kommen sollte.

- **Schritt 7:** Eine Faustregel für Ihre Entscheidung lautet: Im Zweifel vermeiden Sie es besser, selbst zu coachen. Oder Sie sichern sich zumindest die Supervision eines externen Coaches zu.

Der eigentliche Coachingprozess sollte mit einer Vereinbarung beginnen, die Sie gemeinsam mit dem Coachee aufstellen. In dieser Erklärung geht es darum, den genauen Rahmen, den Auftrag und das Ziel so präzise wie möglich zu formulieren. Sinnvoll ist es, zunächst das Anliegen des Mitarbeiters zu analysieren: Was möchte Ihr Coachee erreichen, bearbeiten und klären? In eine Bearbeitung sollten Sie erst dann einsteigen, wenn das Anliegen klar benannt werden kann, und zwar am besten schriftlich. Achten Sie dabei darauf, dass das Ziel möglichst konkret beschrieben und dessen Erreichen auch messbar ist. Wer hier zu schnell in den Bearbeitungsprozess einsteigt, erleidet Schiffbruch oder schippert planlos herum. Ohne klaren Kurs sind Sie der Beliebigkeit des Wetters, der Wellen und der Strömung ausgesetzt. Vielleicht kommen Sie zwar irgendwann auch irgendwo an.

> Steigen Sie erst nach der erfolgreichen Klärung Ihrer persönlichen und äußeren Rahmenbedingungen in das Coaching mit Ihrem Mitarbeiter ein.

 **Aber das Erreichen »irgendeines Ziels« hat nichts mit dem planvollen Auf-ein-Ergebnis-Hinsteuern zu tun.**

Deshalb kann es helfen, Zwischenziele und -schritte zu vereinbaren und immer wieder im Coaching innezuhalten, um den gemeinsamen Prozess zu reflektieren. Ansonsten kann es Ihnen wie Christoph Columbus ergehen, der 1492 ja ursprünglich über den westlichen Seeweg von Europa nach Ostasien reisen wollte – und dann aber ganz woanders, nämlich in Amerika ankam.

14. Unter vollen Segeln: Kernkompetenz Kommunikation

Darum geht es jetzt!
Welche nützlichen Werkzeuge für eine professionelle Gesprächs-
führung es gibt. Wie Sie im Wellengang zwischenmenschlicher
Kommunikation durch Zuhörenkönnen einen wirklichen Zugang
zu Ihren Gesprächspartnern finden. Was ein Dreisprung mit
Psychotricks zu tun hat.

Professionelle Gesprächsführung: Was den Profi vom Dilettanten unterscheidet

Genau genommen setzt das Ausüben einer Profession, also eines Berufes, eine umfassende Ausbildung, berufliche Positionierung sowie
angemessene Bezahlung für diese Tätigkeit voraus. Wenn wir von einem Profi sprechen, gehen wir in Abgrenzung zum Laien, Dilettanten
oder Amateur vor allem davon aus, dass er auf seinem Gebiet ein Experte ist. Wir erwarten, dass er fundierte theoretische Kenntnisse und
umfangreiches Hintergrundwissen besitzt. Darüber hinaus wünschen
wir uns bei einem Profi eine weitreichende, am besten langjährige Erfahrung. Wenn Ihnen im Krankenhaus der smarte, junge Bursche mit
dem weißen Kittel kurz vor Ihrer komplizierten Gehirn-OP mitteilt,
dass er schon sehr viel über diesen Eingriff gelesen, bereits des Öfteren
dabei zugeschaut hat und sich heute sehr darüber freut, zum ersten

Mal bei Ihnen auch selbst Hand anlegen zu dürfen – dann vermag Sie das vermutlich nicht wirklich von seiner Professionalität zu überzeugen. In diesem Fall wäre Ihnen etwas mehr Erfahrung lieber.

Die viel gepriesene Erfahrung allein reicht jedoch noch lange nicht aus, um von seinem Umfeld auch als »professionell« wahrgenommen zu werden. Hierfür ist vielmehr die besondere Fähigkeit bzw. Fertigkeit in der Anwendung des Wissens erforderlich. Es nützt Ihnen wenig, wenn Sie zwar in der Vergangenheit einen immensen theoretischen und praktischen Erfahrungsschatz ansammeln konnten, es Ihnen dann aber nicht gelingt, dieses Wissen im entscheidenden Moment auch in zielgerichtete und erfolgreiche Aktionen umzusetzen. Das entscheidende Kriterium ist also die Abrufbarkeit bzw. Wiederholbarkeit Ihrer professionellen Expertise. Professionelle Operntenöre zum Beispiel treffen das hohe C (c″) nicht nur unter günstigsten Voraussetzungen im Ernstfall der abendlichen Premiere, in Kostüm und Maske, bei vollbesetztem Haus und wohltemperiertem Orchester. Sondern sie können diesen Ton auch morgens im Probenraum bei flackerndem Neonlicht und knackender Heizung, mit Jetlag und einer heraufziehenden Erkältung mehrfach abrufen. *Das* ist Professionalität.

Was bedeutet das nun für eine professionelle Gesprächsführung? Und was genau unterscheidet beim Führen von Gesprächen den Profi vom Dilettanten? Ein Profi der Gesprächsführung muss zunächst einmal über umfassende Kenntnisse der zwischenmenschlichen Kommunikation verfügen. Er kennt sich mit verschiedenen Modellen und Theorien aus und kann diese auch zielführend in der Praxis anwenden. Der Profi steuert auf ein bestimmtes Ziel mit wohlüberlegten Interventionen hin.

Der Profi weiß, was er tut; der Dilettant überlässt das Ergebnis eher dem Zufall.

Das soll nun aber nicht unbedingt heißen, dass Dilettanten keine großartigen Gespräche führen können. Allerdings spielt dabei oft der Zufall eine große Rolle. Da muss die Chemie zwischen den Beteiligten stimmen, mehrere günstige Umstände müssen zufällig zusammentreffen. Der Ort und die Zeit müssen günstig sein und störende Außeneinflüsse dürfen nicht ablenken. Dann kommt es gelegentlich auch bei Nichtprofis zu gemeinsamen Gesprächs-Sternstunden im zwischenmenschlichen Kontakt. Das ist aber unter solchen Voraussetzungen keine Kunst. Professionalität hingegen hat nichts mit Sternstunden zu tun. Professionalität bedeutet, auch unter ungünstigen Bedingungen zufriedenstellende Ergebnisse zu liefern. Was allerdings nicht ausschließt, dass auch Profis in ihrer Arbeit immer mal wieder Sternstunden erleben. Es hilft selbstverständlich auch dem Profi, wenn ihm sein Gesprächspartner sympathisch ist und es um ein eher angenehmes Thema geht. Das ist für ihn aber keine Grundvoraussetzung, um ein erfolgreiches Gespräch zu führen.

Bereits Paul Watzlawick (1990) unterschied zwischen Inhaltsebene und Beziehungsebene. Wir werden jetzt noch etwas weiter in die Tiefen der zwischenmenschlichen Kommunikation hineinleuchten. Ein hilfreiches, weiterführendes Modell für professionelle Kommunikation finden wir bei Friedemann Schulz von Thun: Mit seinem »Kommunikations-Quadrat« hat er ein alltagstaugliches und visuelles Modell für die Vielschichtigkeit von gesendeten Botschaften entwickelt, das Ihnen vielleicht schon bekannt ist. Es besteht aus einem Quadrat, das auf den vier verschiedenen Seiten die unterschiedlichen Aspekte von kommunizierten Botschaften darstellt. Schulz von Thun erweitert die beiden Ebenen von Watzlawick und benennt die vier folgenden Seiten einer Nachricht wie folgt:

- **Sachseite:** Damit sind alle Inhalte gemeint, die Sachinformationen enthalten. Zahlen – Daten – Fakten. Worum es rein inhaltlich geht und worüber der Sender der Botschaft rein sachlich informieren will.

- **Appellseite:** Der Appell, der mit der Nachricht kommuniziert wird, soll den Empfänger zu etwas veranlassen. Er beinhaltet eine ausdrückliche oder auch implizite Aufforderung, etwas zu tun. Den Appellaspekt einzubeziehen ist insbesondere deshalb sinnvoll, weil Kommunikation immer zu einem bestimmten Zweck stattfindet. Wir wollen mit dem, was wir tun oder sagen, immer irgendwie auch etwas erreichen oder jemand anderen zum Handeln bewegen. Sonst könnten wir ja auch darauf verzichten, zu kommunizieren. Obwohl wir ja genau genommen nicht nicht kommunizieren können. Denn selbst, wenn Sie nur auf einer Parkbank sitzen und still in die Baumwipfel schauen, kommunizieren Sie damit nach außen möglicherweise den Appell: »Lasst mich in Ruhe!« Für Führungskräfte ist gerade dieser Appellaspekt in der Kommunikation von großer Wichtigkeit. Schließlich bedeutet Führung ja immer auch, Handlungsanweisungen zu geben und Menschen zum Handeln zu veranlassen.

- **Beziehungsseite:** Hier teilt der Sender mit, wie er den Empfänger sieht, wie er zu ihm steht und was er von ihm hält. Sogenannte Du-Botschaften sind immer Äußerungen, die die Beziehungsebene betreffen.

- **Selbstkundgabe:** Zudem schwingt in übermittelten Nachrichten das mit, was Schulz von Thun mit »*Selbstkundgabe*« (früher »Selbstoffenbarung«) bezeichnet. Denn in allem, was wir sagen, ist auch immer etwas von uns selbst enthalten. Mit jeder Botschaft informiert der Sender auch über etwas Persönliches, er gibt gewollt oder unbeabsichtigt etwas von sich preis. Er informiert darüber, wie *er* die Welt sieht, wie es ihm (vermutlich) gerade geht oder welchen Standpunkt er in Bezug auf die Nachricht oder ihren Adressaten einnimmt.

Dieses Modell schärft den Blick und das Gespür für die verschiedenen Aspekte, die auch bei einfachen Botschaften immer explizit oder implizit mit gesendet werden. Mitunter wird sogar auf dem vermeintlich unwichtigen »Kanal der Beiläufigkeit« die eigentliche Hauptbotschaft übermittelt. Die Schwierigkeit liegt also zunächst im Zuhören, weil das Gesagte nicht immer das wirklich Gemeinte ist. Darin liegt eine hohe Fehleranfälligkeit, die im Gespräch zu Missverständnissen führen kann.

 Erst wenn Sie im Prozess des Zuhörens tatsächlich erfasst haben, worum es Ihrem Gesprächspartner wirklich geht, können Sie angemessen darauf reagieren.

Erfahrung ist auch für Profis ein unschätzbarer Wert. Was aber, wenn Sie als Anfänger noch nicht über einen großen Erfahrungsschatz verfügen? In der Gesprächsführung hilft nur eines: üben, üben, üben.

Schauen Sie Profis beim Reden und Zuhören zu, erwerben Sie fundierte Kenntnisse – und legen Sie los. Irgendwo muss man ja einmal anfangen. Und es gibt noch etwas, das Profis kennzeichnet: Sie bilden sich ständig weiter und reflektieren durch Rückmeldung von außen ihr eigenes Handeln. Vielleicht ist die folgende kleine Übung für Sie dazu der Startschuss.

▶ Übung

Denken Sie an die Gespräche, die Sie in der Vergangenheit geführt haben. Lassen Sie sich einen Moment Zeit und überlegen Sie, ob es dabei ein Gespräch gab, das ganz besonders war. Ein Gespräch, das Ihnen gutgetan hat, das hilfreich und fördernd war. Ein Gespräch, aus dem Sie nachher besser heraus- als vorher hineingegangen sind. Und wenn Sie sich an so ein Gespräch erinnern, versuchen Sie herauszufinden, was es eigentlich war, das Ihr Gesprächspartner getan oder vielleicht auch einfach nur unterlassen hat, um diese Wirkung zu erzielen.

Und noch ein Praxistipp: Meistens sind es bestimmte Antworttendenzen wie Bagatellisieren, Ratschläge geben, Fragen stellen oder Werturteile abgeben, die eine wirklich personenzentrierte Gesprächsführung verhindern.

Gedacht, gesagt, gemeint: Im Wellengang zwischenmenschlicher Kommunikation

Wie wir gesehen haben, ist bereits das Zuhören mit großen Schwierigkeiten und einer hohen Fehleranfälligkeit behaftet, die das gemeinsame Miteinander erschweren können. So richtig problematisch wird es aber erst beim Sprechen, wenn es also darum geht, in der Rolle des Senders seine Botschaften nach außen zu bringen, um seine Zuhörer zu erreichen. Dabei stoßen wir auf zwei Probleme: zum einen auf den Kommunikationsprozess des Senders und zum anderen auf den Aufnahmevorgang beim Empfänger.

Schauen wir uns zunächst einmal den Vorgang beim Sender an. Wenn Sie eine Nachricht an einen oder mehrere Adressaten schicken wollen, beginnt dieser Sendevorgang zunächst einmal nur in Ihrem Kopf. In irgendeinem Ihrer Gehirnareale formt sich aus diversen Nervenimpulsen und Synapsenverschaltungen ein Gedanke, der in Ihrem Kopf mehr und mehr an Kontur gewinnt und auf Ihren neuronalen Datenautobahnen immer mehr Fahrt aufnimmt. Mit einer Geschwindigkeit von bis zu 140 Metern pro Sekunde erreicht dieser Nervenimpuls in Ihrem zerebralen Teilchenbeschleuniger irgendwann die kritische Masse, bricht sich Bahn – und muss irgendwie raus. Jetzt müssen Sie einen geeigneten Weg finden, wie Sie diesen Gedankeninhalt nach außen bringen wollen. Naheliegend ist da meistens, sich der Sprache zu bedienen. Sie könnten auch einen klassischen Brief schreiben und per Post versenden, aber das dauert länger. Es ist jedoch vollkommen gleich, für welche Form der Kommunikation Sie sich entscheiden; Sie müssen in jedem Fall Ihrem inneren Gedanken eine äußere Form geben und ihn buchstäblich in Worte fassen.

Mit diesem Prozess geht die ganze Kommunikations-Odyssee dann auch schon los. Denn es findet ein erster Verschlüsselungsvorgang statt, bei dem Sie ganz selbstverständlich davon ausgehen, dass Ihr Gegenüber genau den richtigen Entschlüsselungscode zur Verfügung hat, um tatsächlich genau das zu verstehen, was Sie ursprünglich gemeint haben. Da haben wir schon den ersten Fallstrick. Oder sagen Sie immer genau das, was Sie auch wirklich meinen? Hoffentlich nicht. Wenn Sie klug sind, sagen Sie nicht immer ungefiltert das, was Ihnen gerade in den Sinn kommt und was Sie im Grunde vielleicht gern sagen würden. Denn ansonsten hätten Sie vermutlich schon lange keine Freunde mehr. Und Ihren Job wären Sie wahrscheinlich sogar noch viel früher losgeworden. Nein, wir sind bei Weitem nicht so klar in unserer Kommunikation, wie wir glauben. Und das ist auch gut so, weil es von einem empathischen Taktgefühl zeugt.

Vermeiden Sie die Kommunikations-Odyssee.

Stellen Sie sich vor, Sie sind als Teilnehmer auf dem Weg zu einem wichtigen Vortrag. Erst etwas spät aufgestanden, anschließend ein unvorhergesehener Stau, dann keinen Parkplatz gefunden. Jetzt sind Sie 20 Minuten zu spät.

Der Referent hat bereits begonnen, als Sie etwas abgehetzt die Tür zum Seminarraum öffnen. Während Sie sich nickend entschuldigen und zu einem freien Platz in den hinteren Reihen schleichen, unterbricht der Referent seinen Vortrag. Er schaut Sie an, schweigt und sagt dann mit ironisch-süffisantem Unterton: »Na, auf Sie haben wir ja gerade noch gewartet!« (allgemeines Gelächter). Was ist hier passiert? Würde man die Worte des Referenten allein für sich betrachten und wortwörtlich übersetzen, könnte seine Aussage in etwa bedeuten: »Willkommen! Schön, dass Sie es noch geschafft haben, an unserer Veranstaltung teilzunehmen. Wir haben Sie schon erwartet und freuen uns, dass Sie jetzt eingetroffen sind. Nehmen Sie Platz und leisten Sie uns Gesellschaft.« So könnte man das Gesagte interpretieren, wenn man die Aussage buchstabengetreu werten würde. Aber würde es das Gemeinte auch tatsächlich wiedergeben? Wohl kaum. Würden wir die eigentliche Botschaft des Referenten in Worte fassen, müsste es sich wohl eher so anhören: »Ach! Sie trauen sich tatsächlich, zu spät zu meinem hochgelehrten Vortrag zu kommen. Das ist ja ziemlich respektlos von Ihnen. Und weil ich Ihr Zuspätkommen und die damit verbundene Störung als persönliche Unverschämtheit empfinde, nutze ich doch gleich mal die Gelegenheit, um Sie hier vor versammelter Mannschaft bloßzustellen.«

Hier stimmen also Gesagtes und Gemeintes nicht überein. Vielmehr drückt das eine (»Herzlich willkommen«) geradezu das Gegenteil des anderen (»Frechheit, dass Sie hier mit Verspätung auftauchen!«) aus. Dies passiert gerade im Berufsalltag recht häufig, wenn Ironie ins Spiel kommt. Da wird versteckt versucht, die eigentliche Botschaft zu transportieren, ohne sich mit seinem klaren, meist kritischen Standpunkt zu outen und damit auch angreifbar zu machen. Im Zweifelsfall kann sich der Sender dann immer noch auf den humorvollen Inhalt der Aussage zurückziehen (»War ja nur als Scherz gemeint«).

Oft spielen solche doppelten Botschaften bei Psychotricks eine Rolle. Zudem werden sie gern im Zusammenhang mit Konflikten platziert, wenn zwar einerseits das eigene Missfallen geäußert werden soll, andererseits aber die tatsächliche Auseinandersetzung mit dem Konflikt gescheut wird. Dies passiert immer dann, wenn jemand im Grunde nicht bereit ist, den eigenen Anteil am Konflikt anzuerkennen und für seinen Standpunkt die Verantwortung zu übernehmen. Oftmals fehlt es auch an der Bereitschaft, sich an einer tatsächlichen Konflikt-klärung zu beteiligen. Meckern ist schließlich viel einfacher, als kon-struktiv an Veränderungen mitzuarbeiten, die immer auch die eigene Position bzw. Person betreffen würden.

Welche Reaktionsmöglichkeiten stehen Ihnen als Empfänger einer solchen doppelten Botschaft zur Verfügung? Zunächst einmal ist es hilfreich, überhaupt die Doppeldeutigkeit und Widersprüchlichkeit der Äußerungen zu registrieren. Dies geht oft zunächst einmal nur mit dem diffusen Gefühl einher, dass da doch irgendetwas nicht so richtig zusammenpasst. Es ist vergleichbar mit einem inneren Stolpern über das soeben Gehörte: »Hä? *Was* hat der da gerade gesagt? Was meint der denn damit? Was will er mir denn damit sagen? War das eigentlich an mich gerichtet? Sollte oder muss ich darauf jetzt reagieren?«

Wichtig ist, zunächst einmal Klarheit bezüglich der vernommenen Botschaft herzustellen. Dieser Schritt ist wichtig, denn Selbstklärung kommt vor Fremdklärung. Erst wenn Sie die beiden widersprüchli-chen Botschaften wirklich klar für sich erfassen können, erfolgt der nächste Schritt: Jetzt sprechen Sie den Sender der Botschaft darauf an und konfrontieren ihn mit der Widersprüchlichkeit seiner Aussage. Dabei machen Sie gleichzeitig deut-lich, was dieser Widerspruch bei Ihnen auslöst, etwa so: »Ich habe Ihre Äußerung gerade ge-hört und merke, dass es mich irritiert, unter-schiedliche Inhalte zu vernehmen. Ich weiß jetzt nicht, auf welche Ihrer beiden Botschaf-ten ich reagieren soll.«

Durchschauen Sie bei Psychotricks die doppelte Botschaft.

Und jetzt kommt der entscheidende dritte Schritt. Ohne ihn bleiben Sie in der Zwickmühle der Wi-dersprüchlichkeit stecken. Er ist die Königsdisziplin in der Kommunikation und gleichzeitig der schwierigste Schritt auf dem Weg zur Klärung. Er ist aber absolut notwendig, denn ohne diesen letzten und wichtigsten Schritt im Dreisprung für doppelte Botschaften lösen Sie das Dilemma nicht auf. Sie erfahren ihn in meinem nächsten Buch.

Nein, keine Sorge – war nur ein Scherz. Hier kommt er, der dritte Schritt: Sie fordern jetzt den Sender auf, die Konsequenzen aus seinen Äußerungen zu ziehen. Denn wer einen Widerspruch in die Welt setzt und damit für Verwirrung sorgt, ist auch dafür zuständig, ihn wieder aufzulösen. Sie bitten den Mitarbeiter um Klarstellung, welche der Botschaften gelten soll. Sie fordern ihn auf, sich auf eine der beiden Äußerungen festzulegen, zum Beispiel so: »Bitte sagen Sie einmal ganz deutlich, was Sie mit Ihren Äußerungen genau gemeint haben. A oder B?« Damit erreichen Sie gleich drei wichtige Dinge:

- Einerseits decken Sie den Widerspruch auf und lösen sich damit aus dem Bann der Zwickmühle.
- Andererseits holen Sie den Urheber in seine Verantwortung. Er muss sich festlegen, welche seiner beiden widersprüchlichen Botschaften jetzt gelten soll, und dafür die Verantwortung übernehmen.
- Darüber hinaus setzen Sie – insbesondere als Führungskraft – ein deutliches Signal, dass Sie derlei verdeckte Psychotricks durchschauen und für solche Manipulationsversuche nicht zur Verfügung stehen.

Aber Achtung: Der Wunsch, in der diffusen Deckung der Doppeldeutigkeit zu bleiben, ist für den Urheber einer solchen Botschaft sehr groß, zumal es sich hier meistens um tief eingeschliffene Kommunikationsmuster handelt. Rechnen Sie also mit anfänglichem Widerstand und stellen Sie sich auf ein mehrmaliges Nachhaken ein. Es lohnt sich jedoch, konsequent und hartnäckig am Ball zu bleiben, bis Ihr Gesprächspartner sich auf eine eindeutige Aussage festgelegt hat. Erst dann wissen Sie, auf welchen Teil der Botschaft Sie reagieren sollten. Und Sie werden so den schwarzen Peter der doppelten Botschaft wieder los.

 Der Dreisprung für doppelte Botschaften lautet:
1. Klarheit verschaffen
2. Konfrontieren
3. Konsequenz fordern

Die unterschätzte Kompetenz: Zuhören können

Wer sich in einer professionellen Gesprächsführung üben möchte, sollte beim Zuhören anfangen. Denn das Zuhörenkönnen ist eine Kompetenz, die vielfach als selbstverständlich erachtet wird, es aber keineswegs ist. Was es mit dem Zuhören auf sich hat und warum es auch für Ihren Kontext von großem Nutzen sein kann, beschreibt Michael Ende in seinem Roman »Momo« sehr zutreffend: »Momo konnte so zuhören, daß dummen Leuten plötzlich sehr gescheite Gedanken kamen. Nicht etwa, weil sie etwas sagte oder fragte, was den anderen auf solche Gedanken brachte, nein, sie saß nur da und hörte einfach zu, mit aller Aufmerksamkeit und aller Anteilnahme. Dabei schaute sie den anderen mit ihren großen, dunklen Augen an, und der Betreffende fühlte, wie in ihm auf einmal Gedanken auftauchten, von denen er nie geahnt hatte, daß sie in ihm steckten.« (Ende, S. 15) Wenn Sie einmal in Hannover sein sollten, können Sie sich dort am Michael-Ende-Platz eine charmante Plastik anschauen, die die kleine Momo mit einem großen Ohr auf dem Schoß darstellt.

Was brauchen Sie aber nun, um ein guter Zuhörer zu werden? In erster Linie die richtige Einstellung.

Mit dem geeigneten Mind-Set können Sie im Grunde schon (fast) gar nichts mehr falsch machen. Hört sich gut an, oder? Die Sache mit der Einstellung hat allerdings einen entscheidenden Haken. Sie können sie nicht so einfach als Technik einsetzen, wenn Sie sie nicht wirklich haben. Denn das merkt Ihr Gegenüber sofort. Und es ist alles vergebene Liebesmüh, wenn es sich nur um eine aufgesetzte Fassadentechnik handelt und nicht vom Grunde Ihres Herzens kommt. Es sind im Wesentlichen die persönlichen Grundhaltungen, die einen positiven zwischenmenschlichen Kontakt ermöglichen. Zunächst einmal brauchen Sie Wertschätzung und Akzeptanz für Ihren Gesprächspartner. Das ist leichter gesagt als in die Realität umgesetzt. Denn gerade als Führungskraft kommen Sie ja häufig gerade dann in Aktion, wenn etwas schiefgelaufen ist oder jemand genau das getan hat, was er eigentlich nicht

> Sie können alle Gesprächsführungstechniken vergessen, wenn Sie die richtige Einstellung verinnerlicht haben.

tun sollte. Kurz gesagt: Sie haben schlechte Startbedingungen, weil Sie allein schon aufgrund Ihrer Führungsrolle und -funktion mit vielem, was an Sie herangetragen wird, nicht einverstanden sein *können*.

Hinzu kommt, dass die Fehlermeldungen Sie eigentlich immer zur falschen Zeit erreichen, weil Sie gerade mit anderen Dingen beschäftigt sind und Sie jetzt aus dem aktuellen Arbeitsablauf herausgerissen werden. Da kommt nicht gerade Freude auf. Und jetzt auch noch wertschätzend und akzeptierend sein? Wie soll das denn gehen? Vermutlich wären Sie schon froh, wenn es Ihnen gelänge, zumindest das Sachproblem zu lösen oder das Ausmaß des Schadens einzudämmen. Wertschätzung meint allerdings nicht, mit allem einverstanden zu sein oder es sogar noch großartig zu finden. Sondern es bedeutet, sich um eine wertschätzende Haltung hinsichtlich des Menschen, der Ihnen da gegenübersteht, zu bemühen. Hier kann es helfen, den Gesprächspartner als subjektiv-sinnhaft handelndes Wesen zu begreifen. Auch wenn Sie selbst die Dinge ganz anders sehen, können Sie dennoch annehmen, dass Ihr Gegenüber einen – subjektiv – guten Grund für sein Handeln oder seine Sichtweise hat. Es geht darum, den anderen aus *dessen* Sicht heraus zu verstehen. Im Idealfall können Sie dann Sach- und Beziehungsebene voneinander trennen und dem anderen mit einer positiven inneren Haltung begegnen, etwa:

»Ich bin zwar nicht einverstanden mit dem, was oder wie es passiert ist, noch teile ich Ihre Sichtweise. Aber wenn ich mich in Ihre Lage versetze, kann ich gut nachvollziehen, dass Sie von Ihrem Standpunkt aus so gehandelt haben oder vielleicht sogar so handeln mussten.«

Wertschätzung bedeutet zudem, im äußeren Rahmen auf den Gesprächspartner eingestellt zu sein. Dazu zählen Pünktlichkeit und Fokussierung: keine Ablenkung durch äußere Störungen wie Telefonate oder andere Mitarbeiter, die nur mal schnell etwas von Ihnen wollen. Und auch keine innere Ablenkung, indem Sie beim Gespräch eigentlich mit Ihren Gedanken ganz woanders sind und sich nicht wirklich auf Ihr Gegenüber konzentrieren. Genauso, wie Sie selbst es merken, wenn Ihr Gesprächspartner nicht wirklich im Gespräch mit seiner vollen Aufmerksamkeit bei Ihnen ist, fällt es umgekehrt auch Ihrem Mitarbeiter auf, wenn Sie nicht wirklich bei der Sache sind.

Im Zusammenhang mit meiner Doktorarbeit hatte ich ein Kommunikationstraining für Zahnärzte zum Umgang mit ängstlichen und schwierigen Patienten entwickelt. In einem Drei-Tage-Seminar trainierten wir miteinander die Aspekte einer professionellen Gesprächsführung. Im Wesentlichen ging es darum, die bereits erwähnten hilfreichen Grundhaltungen nach Carl Rogers (Wertschätzung, Empathie und Echtheit) im Kontakt mit den Patienten durch aktives Zuhören umzusetzen. Ein paar Wochen später habe ich einzelne Patienten der Zahnärzte befragt und verschiedene Aspekte und Kompetenzen von deren Patienten bewerten lassen, wie zum Beispiel die Qualifikation des Zahnarztes und das Vertrauen zu ihm. Das Ergebnis hat mich überrascht. Nach dem Training bekamen die Zahnärzte von ihren Patienten signifikant bessere Werte für Vertrauen und Qualifikation als vorher (Hagenow 2012, 2013). Das bedeutet, dass Personen mit einer verbesserten Gesprächsführung von ihrem Gegenüber auch hinsichtlich ihrer beruflichen Qualifikation und Kompetenz höher eingeschätzt werden. Wenngleich sich durch das Training an der zahnärztlich-handwerklichen Qualifikation ja überhaupt nichts verändert hatte, wurden die Teilnehmer dennoch von ihren Patienten als bessere Zahnärzte wahrgenommen.

> Personen mit hoher Gesprächskompetenz wird mehr Vertrauen entgegengebracht.

Positiver Begleiteffekt war darüber hinaus, dass die Zahnärzte trotz ihrer Seminarteilnahme nicht wesentlich mehr Gesprächszeit mit ihren Patienten verbracht hatten. So lässt sich die verbesserte Beurteilung tatsächlich mit einer gesteigerten Kompetenz in der Gesprächsführung erklären, und nicht durch eine Ausweitung der Gesprächsdauer. Ähnlich wie beim schon vorher beschriebenen Halo-Effekt beeinflusst eine hohe Gesprächsführungskompetenz also auch die positive Einschätzung hinsichtlich der sonstigen fachlichen Qualitäten eines Menschen.

▶ Übung

In einem Gespräch können Sie jederzeit testen, ob Sie Ihren Gesprächspartner wirklich verstanden haben. Probieren Sie einmal aus, das soeben Gehörte in Ihren eigenen Worten zusammenzufassen, und melden Sie es Ihrem Gegenüber zurück. Und dann achten Sie auf seine Reaktion. Sie können sehr leicht feststellen, ob Ihr Gesprächspartner sich wirklich verstanden fühlt. In diesem Fall würde er auf Ihre Zusammenfassung nämlich sofort mit einem »Ja, genau!« antworten. Zögert er hingegen mit einer Rückmeldung oder kommt von ihm ein eher halbherziges »Mhmmm, ja ...«, dann dürfen Sie davon ausgehen, den Kern seiner Aussage noch nicht erfasst zu haben.

Wenn Sie also von Ihrem Umfeld als kompetente Führungskraft wahrgenommen werden möchten, arbeiten Sie an Ihrer professionellen Gesprächsführung und vor allem daran, aktiv und interessiert zuzuhören.

15. Durch stürmische See: Wie Sie souverän bleiben – auch wenn's schwierig wird

Darum geht es jetzt!
Nützliche Tipps für den Umgang mit Konflikten und schwierigen Gesprächen. Warum Sie manchmal zum Geheimnisträger wider Willen gemacht werden – und wie Sie darauf reagieren sollten. Welche Vorteile die Metaebene für Sie hat.

Über den souveränen Umgang mit Konflikten

Souveränität in Konfliktsituationen, wer hätte sie nicht gern? Aber ist das nicht vielleicht nur ein frommer Wunsch und in Wirklichkeit ein Widerspruch in sich? Konfliktsituationen sind doch gerade deshalb so schwierig zu handhaben, weil uns die aktuelle Konstellation auf dem falschen Fuß erwischt. Es sind die Ach-du-Schreck-Momente, die uns den Teppich unter den Füßen wegziehen und uns in Sekundenbruchteilen ins Vakuum der kommunikativen Ratlosigkeit katapultieren. Deshalb fehlt sie uns ja auch: die Souveränität. Wenn wir uns in der prekären Lage souverän fühlen würden, würden wir die Situation vermutlich gar nicht als schwierig erleben. Wir sind verstrickt, ratlos, getroffen, verärgert, enttäuscht, ambivalent, unsicher und gleichzeitig unter Druck, jetzt möglichst souverän reagieren zu wollen oder sogar zu müssen. Mit etwas Bedenkzeit wäre uns da oft schon geholfen. Aber für die aktuelle Situation hilft es wenig, wenn uns eine halbe Stunde später dann all die brillanten Antworten einfallen, die wir so gern gesagt hätten.

Mit der Rolle von Führungspersonen wird auch immer die Erwartung verbunden, in kritischen Situationen den Überblick, den kühlen Kopf, die Fassung zu bewahren und eine konstruktive Lösung parat zu haben. Aber Führungspersonen sind natürlich keine Maschinen, die bei entsprechender äußerer Gemengelage jederzeit nach einem zielführenden Wenn-dann-Muster verfahren können. Das ändert aber nichts an der äußeren Erwartungshaltung und den Nachteilen, die Sie sich durch ein »Versagen« einhandeln.

 **Sie brauchen im Konfliktfall den richtigen Werkzeugkoffer, damit Sie in unvorhergesehenen Momenten souverän reagieren können.**

Sach- und Beziehungsebene voneinander zu trennen bringt Ihnen in vielen Situationen erst einmal wieder Boden unter die Füße. Oftmals empfangen wir Botschaften, die uns aus dem Tritt bringen, weil wir mit dem Ton oder der Art, wie die Äußerung formuliert ist, nicht einverstanden sind. Das macht es schwer, sich mit dem inhaltlichen Aspekt der Nachricht zu beschäftigen oder angemessen darauf zu reagieren. Während wir noch auf der Sachseite die Fakten sortieren, meldet sich immer wieder das »Beziehungsohr« mit Einwürfen: »Wie redet denn der mit mir?«, »Was nimmt die sich mir gegenüber heraus?« oder: »Was ist denn das für ein unangemessener Ton!«. Wiederum ist es hilfreich, in drei Schritten vorzugehen:

Schritt 1: Angriff wahrnehmen und zuordnen

* Was nehme ich wahr?
* Welche Emotionen löst das Gesagte bei mir aus?
* Was trifft mich da gerade, und warum?
* Worüber ärgere ich mich?

Schritt 2: Auf der Beziehungsebene zurückweisen, sich abgrenzen, klare Kante zeigen

- »Ich bin mir nicht sicher, ob Sie das eben tatsächlich so respektlos (beleidigend, unverschämt) gemeint haben, wie es gerade bei mir angekommen ist. Können Sie bitte noch einmal sagen, worum es Ihnen geht?«
- »Ich bin gerade noch dabei zu überlegen, ob ich Ihnen Ihren unverschämten Ton durchgehen lassen soll.«
- »Was lässt Sie glauben, dass Sie so mit mir reden dürfen?«

Schritt 3: Auf der Sachebene Offenheit und Verhandlungsbereitschaft signalisieren

- »Über die Sachinhalte können wir gern reden – aber nicht in diesem Ton (auf diese Weise).«
- »Inhaltlich kann ich Ihnen zustimmen. Ihre Umgangsformen hingegen erlebe ich als unangemessen und beleidigend.«

Für Führungskräfte besteht die Kunst nun darin, die eigenen Emotionen zwar zu spüren, weil sie ein wichtiger Gradmesser und Wegweiser für die eigenen Entscheidungen bzw. Reaktionen sein können, ohne sich jedoch selbst verärgert Luft zu machen und sich dabei womöglich im Ton zu vergreifen. Noch besser ist es, wenn es Ihnen sogar gelingt, diese Emotionalität anzusprechen und dabei gleichzeitig auf der Metaebene zu bleiben. Das heißt: Sie sprechen die eigene Verärgerung, Irritation oder Verwunderung an, ohne davon emotional überrollt zu werden. So bleiben Sie der Kapitän. Man erwartet von Ihnen zu Recht, dass Sie auch im Krisenfall nicht in Panik verfallen, sondern die richtigen Maßnahmen treffen. Das ist schließlich Ihr Job und die Nagelprobe für Ihre Führungskompetenzen. Wie wollen Sie andere Menschen führen, wenn Sie sich selbst nicht führen können? Wenn es Ihnen nur bei guter Sicht und ruhiger See gelingt, Ihren Dampfer auf Kurs zu halten, wird Ihre Autorität als Führungskraft leiden.

Bei Konflikten geht es selten darum, dass sie vielleicht auch aufgrund von Unachtsamkeit oder Fehlern entstanden sind. Dafür hat jeder Verständnis. Shit happens! Wichtig ist vielmehr, wie mit der Konfliktsituation umgegangen wird. Dabei unterliegen wir häufig dem Irrtum von der verpassten Gelegenheit: Wir glauben, mit einer »Jetzt oder nie«-Haltung immer sofort das rechte Mittel und die richtige Antwort griffbereit im Köcher haben zu müssen. Ansonsten ist der Zug abgefahren und es gibt kein Zurück mehr. In der Realität ist das aber fast nie der Fall, weil es so gut wie immer eine zweite Chance und eine Möglichkeit zur Kurskorrektur gibt. Und zwar selbst dann, wenn Ihnen in der kritischen Situation die richtigen Worte gefehlt, Sie alles andere als souverän reagiert, wie der Depp dagestanden oder vielleicht auch eine falsche Entscheidung getroffen haben. Sie haben das Recht, Ihre Meinung ändern zu dürfen. Wer A sagt, muss deshalb noch lange nicht auch B sagen. Sie können ein Nachgespräch führen, um außerhalb der Dynamik der Situation die Beziehungsebene wieder ins Lot zu bringen. Auch Verträge können widerrufen, korrigiert oder gekündigt werden. Es gibt (fast) immer eine Wahl.

> Im Konfliktfall – und wenn ein Psychospiel mit Ihnen getrieben wird – ist es wichtig, die eigenen Emotionen im Griff zu behalten.

Schwierige Gespräche vorbereiten

Wenn Sie Personalverantwortung tragen, bringt Ihre Rolle als Führungskraft die Verpflichtung mit sich, auch unangenehme Entscheidungen zu treffen, sich kritischen Situationen zu stellen und schwierige Gespräche zu führen. Kritikgespräche, Absagen, Abmahnungen, Gespräche bei Alkoholverdacht oder Kündigungen – das alles sind keine Momente mit hohem Spaßfaktor.

Um es vorweg zu sagen: Schwierige Gespräche bleiben auch bei hoher Gesprächsführungskompetenz und guter Vorbereitung schwierig und unangenehm. Aus einem Kündigungsgespräch wird auch mit viel gutem Willen keine entspannte Plauderei. Eine Abmahnung auszusprechen ist auch bei voller Rechtssicherheit und Rückendeckung Ihrer Vorgesetzten kein Vergnügen, und vermutlich werden Kritikgespräche selbst mit zunehmender Erfahrungspraxis nicht zu Ihrer liebsten Beschäftigung werden. Dennoch können Sie viel dafür tun, um diese

Situationen mit einer angemessenen Souveränität zu meistern. Das funktioniert nicht auf Knopfdruck und schon gar nicht, wenn Sie sich zum Beispiel fünf Minuten vor dem Gesprächstermin noch kurz hinsetzen, um sich ein paar Notizen zu machen. Aus meiner Erfahrung als Kommunikationstrainer weiß ich, dass es zwar anstrengend, aber durchaus möglich ist, Konflikte konstruktiv zu bewältigen und dabei gleichzeitig eine wertschätzende Konfliktkultur in Ihrem Unternehmen oder Team zu etablieren. Das ist allemal der Mühe wert, wenngleich es keine automatische Erfolgsgarantie gibt. Grundlage dafür ist eine gute Vorbereitung, für die Sie Ruhe und Zeit brauchen. Besonders bei Konflikten, in die Sie selbst in irgendeiner Weise involviert sind, ist es wichtig, mit Distanz auf die Angelegenheit schauen zu können und sich innere Klarheit zu verschaffen.

 **Denn zuerst kommt Klarheit, dann kommt Kooperation.**

Bei der Vorbereitung auf schwierige Gesprächssituationen kann Ihnen das bereits vorgestellte Kommunikations-Quadrat (Schulz von Thun) helfen, Sachaspekt, Beziehungsebene, Appell und Selbstkundgabe zu berücksichtigen.

Die Sachseite – hierzu gehört die Klärung des äußeren Anlasses

• Worum geht es eigentlich inhaltlich?
• Welche Sachthemen sollen besprochen werden?
• Welche Informationen möchten Sie übermitteln?
• Wer hat eigentlich Gesprächsbedarf? Sie selbst, Ihr Mitarbeiter, Sie beide oder vielleicht noch ganz jemand anderes?

Außerdem stellt sich die Frage, wer eigentlich der Konfliktpartner ist. Denn nicht immer ist derjenige, der Ihnen das Leben schwer macht, auch wirklich derjenige, mit dem Sie den Konflikt austragen müssen. Vielleicht hat jemand anderer seine Verantwortung nicht wahrgenommen oder unzulässig delegiert. Auf dieser Ebene geht es um die Klärung, was Sie Ihrem Gesprächspartner auf der Sachseite mitteilen wollen. Besonders in Kritikgesprächen ist es wichtig, Beanstandungen auf der Grundlage von Fakten, konkreten Beispielen und Beobachtungen zu verdeutlichen.

Der Appellaspekt

* Wozu möchten Sie Ihren Gesprächspartner veranlassen?
* Welches Verhalten soll er in Zukunft zeigen oder unterlassen?
* Welche Ziele sollen erreicht werden?

Die Beziehungsebene

* Wie sehen Sie Ihren Gesprächspartner? Was halten Sie von ihm?
* Was stört Sie an ihm? Was davon möchten Sie im Gespräch auch tatsächlich ansprechen?
* Was möchten Sie aus strategischen Gründen (vorerst) lieber zurückhalten?

Die Seite der Selbstkundgabe

* Wie geht es Ihnen persönlich mit der Situation? Wie stehen *Sie* dazu?
* Was ist *Ihnen* wichtig, Ihrem Gesprächspartner mitzuteilen?
* Welche Ihrer Emotionen wollen Sie ansprechen (nicht ungefiltert herauslassen)?

Mit diesen Fragen können Sie sich differenziert Klarheit verschaffen und die unterschiedlichen Aspekte auseinanderhalten. Sie helfen Ihnen auch dabei, das Thema möglichst umfassend zu betrachten und zu besprechen. Zu einer konstruktiven Vorbereitung gehört zudem, den Mitarbeiter über das bevorstehende Gespräch zu informieren. Dabei sollten Sie nicht nur einen ausreichenden zeitlichen Vorlauf berücksichtigen, sondern ihm zumindest in groben Zügen mitteilen, worüber Sie mit ihm sprechen wollen. Sie geben damit zwar den vermeintlichen Vorteil des Überraschungsmoments aus der Hand. Aber Ihr Mitarbeiter hat dadurch die Möglichkeit, sich innerlich und inhaltlich ebenfalls auf das Treffen mit Ihnen vorzubereiten. Damit stärken Sie sogar Ihre eigene Position, weil Sie so Transparenz und Fairness nach außen demonstrieren und dem Mitarbeiter anschließend auf Augenhöhe begegnen können. Es geht schließlich nicht darum, einen kurzfristigen Etappensieg durch einen Überraschungsangriff aus dem Hinterhalt zu erzielen. Das haben Sie nicht nötig, zumal Sie eine langfristige Klärung des Konflikts anstreben sollten. So schaffen Sie die Voraussetzungen für eine konstruktive Gesprächsatmosphäre und halten zusätzliche Fallstricke, Stolpersteine oder Tretminen außen vor.

Anschließend können Sie sich dann der Durchführung widmen: Wählen Sie keine weichgespülten oder verwinkelten Gesprächseinstiege, sondern legen Sie gleich das eigentliche Thema auf den Tisch. Ihr Mitarbeiter rechnet ohnehin damit, dass es jetzt um äußert wichtige Dinge gehen wird, und wartet nur darauf, dass Sie endlich zum Punkt kommen. Bleiben Sie bei Ihrer Gesprächsstrategie und geben Sie sich und Ihrem Gesprächspartner genügend Raum zum Zuhören und Verstehen.

> Transparenz, Wertschätzung und Fairness sorgen in schwierigen Gesprächen für eine konstruktive Atmosphäre.

Nach dem Gespräch planen Sie sich am besten noch etwas Zeit für die Nachbereitung ein. Dazu sollte immer auch eine Reflexion Ihrer Vorbereitung und des Gesprächsverlaufs gehören:

• Wie ist das Gespräch abgelaufen?
• Lief es so wie geplant oder nahm es eine überraschende Wendung? Wenn ja, an welcher Stelle und warum?
• Welche Aspekte sind eventuell zu kurz gekommen oder sogar ganz unter den Tisch gefallen?
• Gab es etwas, das Sie in Ihrer Vorbereitung nicht berücksichtigt hatten?
• Worauf wollen Sie in Zukunft bei ähnlichen Situationen noch genauer achten?
• Welche weiteren Schritte müssen geplant bzw. gemacht werden (Dokumentation, Fristen, Wiedervorlage, Folgegespräche)?

Geheimnisträger wider Willen

Selbstverständlich bemühen Sie sich um ein gutes, vertrauensvolles Verhältnis zu Ihren Mitarbeitern und sind für deren Sorgen und Nöte ansprechbar. Es kann jedoch auch passieren, dass Sie von einem Mitarbeiter ins Vertrauen gezogen werden und damit in eine prekäre Zwickmühle geraten. Dies geschieht besonders dann, wenn ein Mitarbeiter einen Konflikt mit anderen Kollegen hat, diesen aber nicht offenlegen möchte. Dann teilt Ihnen der Mitarbeiter vertraulich das vermeintliche Fehlverhalten seines Kollegen mit und beschwert sich darüber. Das ist der Stoff, aus dem Intrigen gesponnen werden. Hier werden Sie ungefragt zum Mitwisser gemacht und bekommen gleichzeitig einen Maulkorb verpasst. Gern noch mit dem Zusatz: »Ich will ja nichts gesagt haben …« Auch hier schlägt die doppelte Botschaft wieder zu, denn Sie werden einerseits hinter dem Rücken des Betroffenen von einem vermeintlichen Missstand in Kenntnis gesetzt – und andererseits auch wieder nicht. Die widersprüchliche Nachricht ist: »Wasch mir den Pelz, aber mach mich nicht nass!« So werden Sie unversehens zum Geheimnisträger wider Willen.

> Psychotrick: Sie werden ungefragt zum Mitwisser gemacht und bekommen gleichzeitig einen Maulkorb verpasst.

Dieser Trick wird immer dann angewendet, wenn jemand nicht wirklich bereit ist, die Verantwortung für die Klärung des Konflikts mit zu übernehmen. Er wendet sich dann »im Vertrauen« an Sie, um sich einerseits Entlastung und andererseits einen Verbündeten zu verschaffen. Dies ist mit der diffusen Hoffnung verbunden, dass sich das Problem nun schon irgendwie lösen wird, weil es ja weitergereicht und damit ein Stück weit veröffentlicht wurde. Aber eben doch nicht so richtig. Der Mitarbeiter wähnt sich im Vorteil, weil er in der Deckung bleiben kann und aus dem Hintergrund an einer Problemlösung mitwirkt, ohne einen klaren Standpunkt beziehen zu müssen. Durch diesen strategischen Schachzug versucht er, sich unangreifbar zu machen.

In der Praxis begegnet Ihnen diese Finte meistens in zwei verschiedenen Varianten:

- Entweder werden Sie schon von Anfang an ins Vertrauen gezogen: »Ich muss Ihnen etwas sagen; aber das muss unter uns bleiben.«
- Oder Sie werden mit diesem Ansinnen erst ganz zum Ende, nachdem Sie schon alle Details erfahren haben, konfrontiert: »Aber sagen Sie es bitte nicht weiter.«

Dementsprechend empfehle ich Ihnen auch zwei unterschiedliche Varianten, wie Sie auf so ein Ansinnen angemessen reagieren könnten. Für den Fall, dass man Sie schon vor Eröffnung der Einzelheiten um Diskretion bittet, sollten Sie sofort einhaken und sich die Optionen offenhalten, etwa so:

»Einen Moment. Ich kann Ihnen vorab weder Verschwiegenheit noch Vertraulichkeit versprechen, weil ich ja nicht Ihr Beichtvater oder Therapeut bin, sondern Ihnen immer auch in meiner Rolle als Vorgesetzter gegenübersitze. Außerdem weiß ich jetzt noch nicht, worum es Ihnen genau geht. Möglicherweise haben die Informationen, die Sie mir geben wollen, Konsequenzen für mein weiteres Handeln. Bitte überlegen Sie genau, ob und was Sie mir sagen wollen. Ich will aber gern anschließend überlegen, inwieweit ich Ihnen Vertraulichkeit und Verschwiegenheit zusichern kann.«

Es ist wichtig, sich nicht vom Mitarbeiter zum Geheimnisträger wider Willen machen zu lassen und unter dem Siegel der Verschwiegenheit nicht mehr handeln zu dürfen. Wie wollen Sie zum Beispiel damit umgehen, wenn Ihnen Ihr Mitarbeiter im Vertrauen von kriminellen Machenschaften in Ihrem Unternehmen berichtet? Dann müssen Sie die Möglichkeit haben, umgehend aktiv werden zu können. Deshalb sollte es in dieser ersten Variante nur zwei Optionen für den Mitarbeiter geben: Er muss Ross und Reiter nennen oder den Mund halten. Sonst sind Sie in der Zwickmühle einer doppelten Botschaft gefangen. Schließlich können Sie ja hinterher nicht mehr so tun, als hätten Sie die Information nicht gehört.

Kommen wir zur zweiten Variante: In einer etwas schwierigeren Situation sind Sie, wenn es sich beispielsweise um einen konkreten Konflikt handelt, den Ihr Mitarbeiter mit einem anderen Kollegen hat, und Sie erst ganz zum Schluss um Stillschweigen gebeten werden. Dann können Sie in eingeschränktem Maße Vertraulichkeit zusichern, indem Sie in diesem Sinne wie folgt reagieren:

»Gut, dann bleibt die Angelegenheit zunächst unter uns und ich sichere Ihnen Vertraulichkeit zu. Gleichzeitig habe ich aber jetzt von Ihrem Konflikt Kenntnis bekommen, für den ich als Chef auch zuständig und verantwortlich bin. Er ist damit also jetzt durch Ihre Veröffentlichung auch zu meiner Sache geworden. Das ist auch gut so. Ich schlage Ihnen deshalb vor, die Angelegenheit zunächst mit sich selbst und Ihrem Kollegen in eigenem Ermessen zu klären. Dafür vereinbaren wir einen angemessenen Zeitraum. Anschließend setzen wir uns wieder zusammen und Sie berichten mir über den Stand der Dinge. Dann werde ich gemeinsam mit Ihnen entscheiden, ob und wie ich als Chef in die Klärung des Themas einsteigen werde.«

Wenn Sie auf diese Weise vermeiden, von Ihrem Mitarbeiter in die vertrauensvolle Handlungsunfähigkeit hinein manövriert zu werden, schaffen Sie sich einen Aktionsspielraum, der Ihrer Rolle entspricht. Verzichten Sie auch Ihrerseits darauf, Ihre Mitarbeiter durch Geheimniskrämerei ins Vertrauen zu ziehen und damit in Gewissensnöte zu bringen.

Hinauf in den Mastkorb! Der Segen der Metaebene

Über die Anforderung an Führungskräfte, den Überblick zu behalten, wurde schon viel gesprochen. Darum geht es auch in der Metakommunikation. So wie es bei der Metaebene im weitesten Sinne um eine übergeordnete, höhere Ebene geht, meint Metakommunikation eine Kommunikation oberhalb der eigentlichen Kommunikationsebene. Wir können auch sagen:

 **Metakommunikation ist der kommunikative Austausch darüber, wie miteinander kommuniziert wird.**

Jahres- oder Feedbackgespräche haben die gleiche Funktion. Es ist durchaus sinnvoll, von Zeit zu Zeit im alltäglichen »business as usual« innezuhalten und sich eine Auszeit für die Reflexion zu nehmen. Viele Führungskräfte gehen miteinander oder auch für sich allein in regelmäßigen Abständen in Klausur. Sie ziehen sich vom Tagesgeschäft zurück, nehmen sich eine kreative Auszeit fernab von störenden Alltagseinflüssen und widmen sich der Kontemplation sowie der Kursbestimmung. Dabei schauen sie auf den zurückgelegten Weg, bestimmen die aktuelle Position und den weiteren Kurs. Oftmals geht es dabei auch darum, Zukunftsvisionen zu entwickeln und zu überprüfen:

- Sind wir noch auf dem Weg, den wir ursprünglich einmal festgelegt haben?
- Haben wir noch gemeinsam dasselbe Ziel im Blick? Oder hat sich der Wind in der Zwischenzeit gedreht?
- Gibt es neue, wichtigere Ziele?
- Brauchen wir einen neuen Kurs? Ein neues Produkt? Eine veränderte Dienstleistung?
- Wollen wir auf die bisherige Art und Weise miteinander weitersegeln und rudern wir tatsächlich noch miteinander in dieselbe Richtung?

Dies sind alles wichtige Fragen, für die in den Irrungen und Wirrungen der täglichen Arbeitsroutine wenig Zeit bleibt. Dennoch sind solche gemeinsamen Kurspeilungen wertvoll, um nicht zu lange in die falsche Richtung zu schippern und es vielleicht erst zu merken, wenn der Kahn schon auf Grund gelaufen ist.

Insbesondere in Konfliktsituationen kann es von Nutzen sein, zusammen mit dem Konfliktpartner auf die Metaebene zu gehen. Dies setzt allerdings voraus, dass beide auch dazu bereit sowie in der Lage sind, sich aus der gemeinsamen Verstrickung zu lösen und miteinander an einem Ausweg zu arbeiten. Ob der Angesprochene tatsächlich ebenfalls bereit ist, sich mit Ihnen zusammen auf diese Ebene zu begeben, ist jedoch nicht immer gesagt. Als Führungskraft können Sie allerdings einiges dazu beisteuern, dass die Chancen dafür gut stehen.

Und so bringen Sie das Gespräch auf die Metaebene:

1. Den eigenen, momentanen Eindruck ansprechen und nach der Einschätzung bzw. Empfindung des Gegenübers fragen: »Ich habe den Eindruck, dass wir uns hier gerade miteinander

verzetteln. Wie erleben Sie die Situation hier und jetzt?« Oder: »Nach meinem Empfinden kommen wir so nicht weiter. Ich habe das Gefühl, dass wir uns immer weiter in weniger wichtigen Nebenaspekten verlieren. Wie ist Ihre Wahrnehmung?«

2. Verstehen wollen – dabei helfen Fragen wie: »Worum geht es Ihnen genau?«, »Was ist Ihnen besonders wichtig?«, »Wie geht es Ihnen gerade mit unserem Gespräch?« und: »Wo stehen wir im Moment?«. Etwas zu verstehen heißt noch lange nicht, mit dem Verstandenen einverstanden zu sein. Allerdings liegt hier auch wieder ein Fallstrick: Es kann nämlich in dieser Phase des Gesprächs schnell passieren, dass Sie plötzlich zusammen wieder in Rechtfertigungen und damit auf die ursprüngliche Diskussionsebene zurückfallen.

3. Konstruktive Angebote machen: »Was können wir tun, um aus dieser Verstrickung wieder herauszukommen?«, »Welche gemeinsamen Ziele haben wir?« oder: »Gibt es Punkte, in denen wir übereinstimmen?« – damit unterbreiten Sie konstruktive Angebote. Notfalls können Sie sich auch auf ein »agree to disagree« verständigen, indem Sie die unterschiedlichen Standpunkte festhalten und stehen lassen. Dies kann eine gute Grundlage sein, um zu einem späteren Zeitpunkt wieder zu einer konstruktiven Diskussion zurückzukehren, wenn sich die Wogen etwas geglättet haben.

Auch das bereits erwähnte Ansprechen der doppelten Botschaft ist eine Form der Metakommunikation.

 **Es geht also vorrangig darum, gemeinsam aus den Niederungen des Konflikts aufzusteigen, wieder den Überblick zu gewinnen und ein Angebot für eine konstruktive Problemlösung zu machen.**

Diese Fähigkeit ist gerade für Sie als Führungskraft sehr wichtig, weil sie Ihnen dabei hilft, auch Mitarbeitern immer wieder den Blick für das große Ganze zu vermitteln. Damit eröffnen Sie Ihren Mitarbeitern gleichfalls die Möglichkeit, die langfristigen Ziele des Unternehmens zu verstehen und in das tägliche Handeln einzubeziehen.

16. »Bitte rammen Sie den Eisberg!«: Warum manchmal gerade das Gegenteil zum Ziel führt

Darum geht es jetzt!
Wieso paradoxe Interventionen für Sie von Bedeutung sind. Wie Sie
mit kreativen Lösungen manch brisante Psycho-Dynamik entschärfen
können. Warum Ihnen das auch im Umgang mit Ihren Kunden
weiterhilft. Wie Sie auch in Krisenzeiten konstruktiv handeln.

Wenn die Lösung zum Problem wird

Unser zwischenmenschliches Miteinander wird von so vielen Faktoren beeinflusst, dass es unmöglich ist, jede Eventualität vorherzusehen und sich darauf einzustellen. Auch Ihre Art der Kommunikation hängt zu einem wesentlichen Teil davon ab, mit *wem* Sie es gerade zu tun haben. Obwohl Sie selbst ja immer dieselbe Person sind, reagieren Sie ganz unterschiedlich auf andere Menschen. Hinzu kommt, dass Sie auch in Abhängigkeit von Ihrer eigenen Verfassung mal gelassen und mal gereizt in der gleichen Situation oder auf dieselbe Person reagieren.

Wenn in beruflichen Zusammenhängen dann auch noch mehrere widrige Faktoren zusammenkommen, kann sich zwischen den Beteiligten eine ungünstige Dynamik entwickeln, die unerwartet zu einer handfesten Eskalation führt. Von den unterschiedlichen Problemkategorien, den Problemen erster und zweiter Ordnung, war ja schon im achten Kapitel die Rede. Ich möchte Ihnen dazu ein Beispiel aus einem meiner Coachings geben:

Der Gesellschafter eines mittelständischen Unternehmens aus der Telekommunikationsbranche, nennen wir ihn Dr. Hoffmann, berichtet von einem Konflikt mit seinem Geschäftsführer, Herrn Wagner (Name ebenfalls geändert). Obwohl das Unternehmen einen strengen Sparkurs fahren müsse und deshalb ein allgemeiner Ausgabenstopp bestehe, habe er dennoch das Gefühl, dass Herr Wagner seine Mitarbeiter mit zum Teil üppigen Zuwendungen versorge. So sei ihm aufgefallen, dass es wiederholt hohe Bewirtungsrechnungen gebe, bei denen auch Mitarbeiter anwesend seien, die mit den bewirteten Kunden nur in einem entfernten Zusammenhang stünden. Dr. Hoffmann vermutet, Herr Wagner habe hier immer mal wieder auf Firmenkosten ein Essen für seine Mitarbeiter spendiert. Er entscheidet daher, dass alle Rechnungen aus Herrn Wagners Abteilung über seinen Schreibtisch laufen müssen. Gelegentlich fragt er bei Herrn Wagner nach und lässt sich genau erklären, wofür bestimmte Ausgaben gemacht wurden. Er selbst würde viel lieber auf derart kleinkarierte Kontrollmaßnahmen verzichten, sieht aber angesichts des Verhaltens von Herrn Wagner keine andere Möglichkeit. Dabei gewinnt er den Eindruck, dass Herr Wagner sich in fadenscheinigen Erklärungen verstrickt und hinter seinem Rücken Wege sucht, um die Kontrollen zu umgehen. Dadurch fühlt er sich erst recht in seinem Misstrauen bestätigt und herausgefordert, noch öfter und genauer nachzuforschen. Und je öfter er jetzt kontrolliert, desto häufiger wird er auch fündig: hier eine teure Hotelübernachtung, dort ein ungewöhnliches Flugticket-Upgrade in die Businessclass. Dr. Hoffmann bekommt nun aber den Eindruck, dass seine Kontrollen bei Herrn Wagner dazu führen, dass dieser immer neue, raffiniertere Wege findet, um sich und seinen Mitarbeitern einen Vorteil zu verschaffen. Das ist der Grund, warum Dr. Hoffmann jetzt auch in anderen Geschäftsbereichen das Misstrauen beschleicht und er immer wieder überlegt, ob er Herrn Wagner besser nicht in bestimmte Geschäftsprojekte und -vorhaben einbinden sollte. Vielleicht, so vermutet Dr. Hoffmann, ist Herr Wagner auch schon auf dem Absprung und sammelt nur noch ein paar wichtige Interna, die er bei seinem

Weggang zum Wettbewerber mitnehmen kann. In solch einem Klima des Misstrauens und aufgrund der Sorge um unlautere Vorteilsnahme sieht Dr. Hoffmann nun keine Grundlage mehr für eine konstruktive Zusammenarbeit und überlegt, ob er sich nicht doch lieber von Herrn Wagner trennen sollte. Über die gesamte Entwicklung des Verhältnisses zu Herrn Wagner ist er sehr enttäuscht, er ist ratlos, wie es weitergehen soll.

> **Der Teufelskreis kann als Verstärker zwischenmenschlicher Problemstellungen eine unheilvolle Wirkung entfalten.**

Soweit die Darstellung von Dr. Hoffmann, der sich in seiner Führungsrolle durch das Verhalten von Herrn Wagner in diese Lage gebracht sieht. Wenn wir uns das Miteinander von Dr. Hoffmann und Herrn Wagner anschauen, stoßen wir auf ein zwischenmenschliches Phänomen: den Teufelskreis. Dr. Hoffmann stolpert über kleine Abweichungen in den Abrechnungen und fühlt sich in seiner Rolle als Vorgesetzter herausgefordert, der Sache nachzugehen. Also kontrolliert er Herrn Wagners Arbeit genauer und fordert von ihm mehr Rechenschaft über die betreffenden Vorgänge. Mit diesem Verhalten löst er nun wiederum bei Herrn Wagner bestimmte Emotionen aus. Dieser empfindet das Vorgehen von Dr. Hoffmann als eindeutiges Misstrauensvotum und fühlt sich dadurch bevormundet, gegängelt, gekränkt – und verhält sich seinerseits entsprechend, indem er versucht, sich neue Freiräume zu schaffen. Er sucht und findet dann andere Bereiche, in denen er seine uneingeschränkte Entscheidungshoheit und seinen persönlichen Führungsstil umsetzen kann. Wenn er seinen Mitarbeitern schon keine Gehaltserhöhung geben kann, sollen sie doch im Rahmen seiner Möglichkeiten gelegentliche Zuwendungen in anderer Form erhalten. Schließlich ist er ja Führungskraft und will in eigenem pflichtgemäßen Ermessen über seine Ressourcen verfügen können. Da empfindet er den kleingeistigen Kontrollwahn von Dr. Hoffmann als echte Entmündigung und fühlt sich in seinen Kompetenzen sowie seiner Entscheidungsfreiheit stark eingeschränkt. Auch Herr Wagner erlebt diese Situation als sehr belastend und hat schon an Kündigung gedacht.

Solche zwischenmenschlichen Teufelskreise sind ein typisches Beispiel für Probleme zweiter Ordnung. Hier ist der Lösungsansatz das eigentliche Problem: Würden die zwei Beteiligten anders mit sich und der Situation umgehen, würde das Problem in dieser Form gar nicht erst entstehen. Ein »Mehr desselben« führt – wie bereits angesprochen – nicht zu einer Klärung, sondern zu einer Verschlimmerung. Jeder der beiden Betroffenen sieht sich selbst als das Opfer der Machenschaften des anderen und hat das Gefühl, lediglich darauf zu re-agieren. Allerdings sind beide durch ihr eigenes Verhalten immer auch Täter, die den Teufelskreis in Bewegung halten. Es sind die persönlichen Emotionen der Beteiligten, die den ganzen Teufelskreis am Laufen halten und ihm immer wieder neuen Schwung geben.

Wie Sie Teufelskreise durchschauen und durchkreuzen

Woran merken Sie nun, dass Sie selbst in solch einem Teufelskreis verstrickt sind, und was können Sie dagegen tun? Zunächst einmal: An diesen Hinweisen erkennen Sie Teufelskreise:

- Sie haben das Gefühl, einer Lösung des Problems trotz aller Bemühungen nicht näher zu kommen.
- »Mehr desselben« führt zu keiner Verbesserung.
- Sie sind mit Ihrem Latein am Ende.
- Es wird alles immer nur noch schlimmer.

Das sind Anzeichen dafür, dass sich in Ihrem Umfeld ein Teufelskreis mit seiner unerfreulichen Dynamik dreht. Die gute Nachricht: Diese Erkenntnis ist schon der erste Schritt, der aus dem Konflikt herausführt. Wichtig ist, sich jetzt klarzumachen, dass …

1. Sie mit dem bisherigen Lösungsversuch nicht weiterkommen werden und etwas Neues her muss und
2. Sie selbst ein Teil des Problems sind und Ihre Lösungsversuche vermutlich etwa zu 50 Prozent dazu beitragen, dass der Konflikt immer weiter eskaliert.

Das ist keine leichte Erkenntnis, zumal Sie nach Ihrem eigenen Empfinden in bester Absicht handeln und sich durch das Verhalten Ihres

Gegenübers zu der Ihnen entsprechenden Reaktion genötigt sehen. Dennoch sind Sie eben nicht nur das Opfer der Machenschaften anderer, sondern Sie selbst sind leider auch Täter, der dem unseligen Kreislauf immer wieder neuen Schwung verleiht. Darum gehen Sie jetzt wie folgt vor:

- Unterstellen Sie Ihrem Gegenüber eine positive Handlungsabsicht. Er ist in der Regel genau wie Sie an einer positiven Lösung interessiert.
- Machen Sie sich auf die Suche nach Ihrem Täter-Anteil.
- Machen Sie nicht so weiter wie bisher. Versuchen Sie, aus dem Kreislauf auszusteigen, indem Sie »Mehr desselben« vermeiden.
- Probieren Sie aus, ob Sie mit Metakommunikation weiterkommen.
- Halten Sie nach kreativen Lösungen Ausschau.

Manchmal hilft es auch, wenn Sie Ihre Gedanken in eine andere Richtung lenken: Was müsste passieren, um das Problem weiter auf die Spitze zu treiben, den Konflikt massiv eskalieren zu lassen oder das Projekt so richtig an die Wand zu fahren? Meistens werden Ihnen dann schon die wenig hilfreichen Verhaltensweisen auffallen, sodass Sie damit aufhören und zu neuen Lösungsstrategien gelangen können.

An dieser Stelle ist es zielführend, Sie betrachten Ihr Gegenüber und sich nicht weiter als Kontrahenten in einer Auseinandersetzung, in der der eine agiert und der andere reagiert.

 **Nehmen Sie die gesamte Thematik als ein miteinander verknüpftes System wahr, in dem die Beteiligten in ihrer ureigensten, psychologischen Dynamik miteinander verstrickt sind.**

Es ist die gemeinsame Chemie aus Sachthemen und Emotionen, durch die eine explosive Mischung entsteht. Das erkennen Sie insbesondere daran, dass Sie »Ihre« Teufelskreise immer wieder mit bestimmten anderen Menschen ausbilden.

Möchten Sie es gern noch ein wenig psychologischer haben? Dann können Sie sich gern in so einem Teufelskreis einmal mit Ihren eigenen Emotionen beschäftigen. Fragen Sie sich, welche Emotionen Sie konkret bei sich selbst wahrnehmen:

* Was bringt Sie auf die Palme und zwingt Sie zum Handeln?
* Gibt es einen inneren Missionar oder Rebellen, einen Kämpfer für die gute Sache, der bei Ihnen anspringt und voller Energie tätig werden muss?
* Woher kennen Sie diese Empfindungen?
* Setzt Ihr Gegenüber bei Ihnen vielleicht nur etwas in Gang, das Sie bereits aus Ihrer früheren Geschichte mitbringen?

Dann kann es helfen, den anderen nur als Auslöser und nicht als Verursacher der eigenen Gefühle zu verstehen. So kommen Sie sich selbst ein Stück weit auf die Schliche und schaffen sich Freiräume für Handlungsalternativen.

Das alles bietet selbstverständlich keine Garantie dafür, dass Sie umgehend zu einer für alle Beteiligten befriedigenden Lösung des Konflikts oder Problems finden. Aber durch die Vorgehensweise erhöhen Sie die Wahrscheinlichkeit, dass dies geschehen kann. Allein der Umstand, dass Sie nicht mehr auf die bisherige Art und Weise reagieren, bringt eine hilfreiche Unwucht in den gebetsmühlenhaften Ablauf. Außerdem macht es Sie sensibel für derartige Dynamiken und eröffnet Ihnen weitere Möglichkeiten, solche persönlichen Fallstricke frühzeitig wahrzunehmen, bevor Sie darüber stolpern.

 **So kann verhindert werden, dass jener zermürbende Teufelskreis überhaupt erst entsteht, der mit zunehmender Eskalation eine Problemlösung immer weiter verunmöglicht.**

Kommen wir noch einmal auf Dr. Hoffmann und Herrn Wagner zurück: Bei Dr. Hoffmann bestand die Lösung des Problems am Ende des gemeinsamen Coachings darin, Herrn Wagner ein Budget für »Sonstiges« zur Verfügung zu stellen, über das er frei in eigenem Ermessen verfügen konnte, ohne darüber Rechenschaft ablegen zu müssen. Außerdem berief Dr. Hoffmann ihn als Leiter in einen neu gegründeten Arbeitskreis, der sich auf die Suche nach kreativen Lösungen machen sollte, um die Mitarbeiter trotz der angespannten Finanzlage zu motivieren und gelegentlich zu belohnen. So wurde das sich gegenseitig hochschaukelnde Kontrollthema entschärft und gleichzeitig die Kreativität von Herrn Wagner hinsichtlich der Mitarbeitermotivation gewürdigt. So kann es also auch gehen!

Auf Grund gelaufen: Immer her mit den (Kunden-)Beschwerden!

Ähnlich wie in den soeben besprochenen Teufelskreisen steckt auch in der Unzufriedenheit Ihrer Kunden ein hohes Potenzial für eine negative Eskalationsspirale. Sicherlich legen Sie großen Wert darauf, Ihre Kunden mit Ihren Produkten oder Dienstleistungen zufriedenzustellen. Dennoch lassen sich Beschwerden von Kunden auch bei besonderer Sorgfalt und Aufmerksamkeit nicht immer verhindern. Sie können es halt nicht allen recht machen, und Fehler passieren leider auch in gut organisierten Unternehmen mit den kompetentesten Mitarbeitern.

Beschwerden sind ein unliebsames Ereignis, das den betrieblichen Ablauf aufhält und zusätzliche Kosten verursacht. Das Produkt ist doch schon verkauft, die Einnahme verbucht und der Vorgang abgeschlossen. Und jetzt noch einmal alles aus dem Archiv holen? Sich nochmals in die Einzelheiten des Abschlusses hineindenken? Sich unangenehmer Kritik aussetzen, die vielleicht auch noch unberechtigt ist? Hier droht dann allerdings ein weiterer psychologischer Fallstrick, denn jetzt laufen Sie Gefahr, dass Beschwerden nicht aus der Sicht des Betroffenen, sondern aus der Perspektive des Beschwerdeempfängers beurteilt werden. Dies ist einer der Hauptgründe, warum der konstruktive Umgang mit kritischen Rückmeldungen scheitert und das positive Potenzial verpufft, das eigentlich darin steckt.

Bei näherem Hinsehen gibt es freilich keine unberechtigte Kritik. Jedenfalls nicht, wenn Sie die Sache aus der Sicht des Kunden betrachten. Dann bekommt die ganze Angelegenheit auf einmal richtig Gewicht. Denn der Kunde hält es offenbar für erforderlich, sich deshalb noch einmal mit Ihnen in Verbindung zu setzen. Er geht anscheinend nicht den bequemeren Weg, indem er die Sache einfach auf sich beruhen lässt, sondern macht sich die Mühe, mit Ihnen nochmals in Kontakt zu treten. Manchmal formuliert er seine Gedanken sowie sein

Anliegen sogar wort- und arbeitsreich in schriftlicher Form. Er betreibt also einen hohen Aufwand, weil ihm die Sache so wichtig ist und weil er sich nach seinem Dafürhalten im Recht fühlt.

 **Zugegeben: Konfliktmanagement ist lästig. Und damit auch das Beschwerdemanagement. Aber für den Erfolg eines Unternehmens ist es enorm wichtig. Es sollte deshalb nur von wirklich kompetenten Mitarbeitern praktiziert werden.**

Dabei sind zwei Aspekte von besonderer Relevanz:

- Zum einen sollte der Mitarbeiter in der Gesprächsführung geschult sein und Konflikte und Beschwerden souverän handhaben können.
- Zum anderen sollte er über ein hohes Maß an Kundenempathie verfügen und den Beschwerdeanlass aus dem Blickwinkel des Kunden betrachten können.

Für Sie als Führungskraft ist es wichtig, auch das Timing zu beachten, denn keiner Ihrer Mitarbeiter kann den ganzen Tag lang emphatisch und zugewandt handeln. Wenn Sie das von Ihrem Mitarbeiter verlangen, wird er sich eine »Empathiefassade« zulegen müssen: vordergründig freundlich, aber im Hintergrund genervt. Davon gibt es schon eine ganze Armada von Callcenter-Mitarbeitern. Und Sie wissen es sicherlich aus eigener Erfahrung: Sie merken auch am Telefon sehr genau, ob Ihnen Ihr Gesprächspartner tatsächlich zugewandt und emphatisch mit einem wahrhaftigen Bemühen nach einer Problemlösung begegnet oder ob dort nur ein kommunikativer Notdienst aufrechterhalten wird, der Sie mit Standardfloskeln ruhigstellen und möglichst schnell abwimmeln soll. Wenn Sie bei genauem Hinsehen niemanden in Ihrem Team haben, dem Sie diese verantwortungsvolle Aufgabe wirklich zutrauen, übernehmen Sie diesen Part lieber selbst. Zu groß ist die Gefahr, dass hier ein nachhaltiger Schaden durch einen unbedachten Umgang mit dem Kunden angerichtet wird.

Sie sind eindeutig im Vorteil, wenn Sie eine klare Vorstellung von den Beschwerdeanlässen haben und vorher schon die entsprechenden Szenarien für eine positive Bewältigung festgelegt haben. Deshalb sollten Sie die Stolperstellen in Ihrem Unternehmen genau kennen:

- Welche Schwachpunkte haben Ihre Produkte oder Dienstleistungen?
- Wo klemmt es bei Ihnen im Vertrieb?
- Welche Vertriebs- und Kommunikationswege sind erfahrungsgemäß anfällig für Störungen?
- Welche Mitarbeiter bieten immer wieder Angriffspunkte für Kundenkritik?

Bei Beschwerden oder negativem Feedback von Kundenseite sollten Sie sich als Unternehmen oder Chef großzügig zeigen, auch wenn Sie es aus Ihrer Sicht eigentlich nicht müssten. Selbst dann, wenn Sie das Gefühl haben, dass einige Ihrer Kunden mit ihrer Beschwerde nur auf Zugeständnisse von Ihnen aus sind. Machen Sie sich bewusst: Die Angelegenheit wird jetzt voraussichtlich Geld kosten; vielleicht sogar mehr, als Sie vorher damit verdient haben. Und es ist darüber hinaus unwahrscheinlich, dass Sie die Sache mit ein paar lapidaren Abwiegelungsfloskeln und halbherzigen Wiedergutmachungsversuchen wirklich vom Tisch bekommen. Die wahrscheinlichere Alternative ist da schon eher, noch mehr Geld für unangenehmere Folgekosten ausgeben zu müssen. Dieses Risiko sollten Sie nicht eingehen, denn unzufriedene Kunden machen negative Stimmung gegen Sie, während Kunden, die Ihre Souveränität und Großzügigkeit im Beschwerdefall direkt erlebt haben, gern und begeistert in ihrem eigenen Umfeld davon berichten.

Kunden, die sich beschweren, sind ein Glücksfall für Ihr Unternehmen.

Die wichtigsten Schritte im Umgang mit Beschwerden sind:

1. Verständnis zeigen
2. Fehler einräumen
3. Um Entschuldigung bitten (ohne Ironie oder Arroganz)
4. Großzügige und unbürokratische Wiedergutmachung anbieten
5. Beschwerde intern aufarbeiten, um ähnliche Fälle zukünftig zu vermeiden

Wenn Sie es ernst damit meinen, ist es eigentlich ganz einfach. Ein unzufriedener Kunde, der sich beschwert, erweist Ihnen, genau genommen, einen wertvollen Dienst. Denn er gibt Ihnen Gelegenheit, Ihre Produkte und Ihr Image an einer entscheidenden Stelle zu verbessern. Nicht selten entstehen aus konstruktiv bewältigten Beschwerden die treuesten und langfristigsten Geschäftsbeziehungen. Und die sind ja bekanntlich unbezahlbar.

Wenn der Sturm losbricht: Der Umgang mit Worst-Case-Szenarien

Trotz aller Vorsicht und Achtsamkeit kann es Ihnen im Zeitalter des Internets und der sozialen Medien geschehen, dass sich negative Äußerungen über Ihr Unternehmen in Windeseile und einem ungeahnten Ausmaß verbreiten. An den Beispielen zur Shell-Ölplattform Brent Spar oder zum VW-Abgasskandal ist deutlich geworden, dass eine fehlgesteuerte Krisenintervention das ursprüngliche Problem wesentlich verstärken und einen Imageschaden ungeahnten Ausmaßes nach sich ziehen kann. Aus »shit happens« wird dann ganz schnell »shit hits the fan!«. Es ist also durchaus zielführend, frühzeitig in die Vermeidung von Worst-Case-Szenarien zu investieren. Auch hier bietet sich wieder ein abgestuftes Vorgehen an. Dabei sollte Ihnen jedoch bewusst sein, dass der souveräne Handlungsspielraum mit zunehmender Dynamik und Druck mit zunehmender Eskalation abnimmt. Ihre Handlungskompetenz liegt deshalb eindeutig im Vorfeld. Gehen Sie darum in fünf Schritten vor:

Schritt 1: Das Scheitern vorwegnehmen

Denken Sie kritische Situationen und Engpässe weiter:

- Was passiert in der Situation X, wenn das ursprünglich geplante bzw. erwünschte Ereignis *nicht* eintritt?
- Was müssten wir tun, um die Situation weiter zu verschlimmern?
- Mit welchem Vorgehen, Verhalten und welchen Äußerungen würden wir den Karren so richtig an die Wand fahren?

Schritt 2: Den Worst Case definieren

- Was sollte keinesfalls passieren?
- Wie würde ein Super-GAU in unserem Unternehmen aussehen?
- Was würde uns das schlimmstenfalls kosten?
- Was wollen wir auf jeden Fall (um jeden Preis) vermeiden?
- Was wären wir bereit, dafür zu investieren?

 Denken Sie nicht in Prinzipien (»Hier geht es ums Prinzip! Wo kämen wir denn dahin, wenn …«), sondern in Einzelfällen (»Was würde in diesem Einzelfall hier und jetzt zu einer Lösung führen?«).

Schritt 3: Notfallpläne erarbeiten (Wenn-dann-Szenarien festlegen)

Jeder sollte wissen, wer im Notfall zuständig ist. Und vor allem sollte der »Notfall« definiert werden, damit auch der unbedarfte Mitarbeiter im Ernstfall nicht zögert zu handeln. Entscheidend ist: Jeder Beteiligte weiß genau, bei welchem Ereignis welche Aktion erfolgen muss.

Schritt 4: Mitarbeiter mit Kompetenzen und Handlungsvollmachten ausstatten

Zeit ist ein wertvolles Gut, das Sie in Krisensituationen meist nicht ausreichend zur Verfügung haben. Es muss schnell reagiert werden, aber gleichzeitig nicht überhastet und unüberlegt. Statten Sie die entsprechenden Mitarbeiter mit ausreichendem Handlungsspielraum und genügend Vollmachten aus. Vermeiden Sie Reibungsverluste durch Unsicherheiten (»Soll ich oder soll ich nicht?«); das verursacht im Zweifelsfall unerwünschte Handlungsblockaden. Wenn sich ein Mitarbeiter erst mehrfach bei Vorgesetzten absichern muss, ob er das, was ihm jetzt sinnvoll erscheint, auch tun darf, dann dauert das alles im Ernstfall schon viel zu lange. Warum sollte er nicht gleich handeln? Ist er dafür nicht kompetent oder haben Sie Sorge, dass er größeren Schaden anrichtet? Dann ist er entweder nicht der Richtige oder er braucht zusätzliche klare Handlungsanweisungen. Am besten, Sie geben ihm gleich eine Auswahl an möglichen und erlaubten Handlungsoptionen – oder er muss wissen, an wen er sich im Ernstfall wenden sollte. Dann muss allerdings gewährleistet sein, dass der Entscheider in der Krisensituation schnell und zuverlässig zu erreichen ist.

Schritt 5: Soziale Medien berücksichtigen

Schlechte Nachrichten verbreiten sich lawinenartig im Internet. Wenn die Gerüchteküche erst einmal unkommentiert und ungehemmt hoch kocht, gibt es kaum noch wirksame Gegenmaßnahmen. Dann hilft nur: Bei der wohlüberlegten Strategie bleiben und warten, bis der Sturm sich legt. Wichtig ist, nicht noch zusätzlichen Sprengstoff zu liefern oder den Flächenbrand weiter mit Brandbeschleunigern zu versorgen.

Durchdachte Worst-Case-Szenarien mit Weitblick erhöhen die Handlungskompetenz auch in Krisenzeiten.

Etablieren Sie Ausweichkanäle und vermeiden Sie Diskussionen im Netz. Geben Sie Statements ab und versuchen Sie, die eintreffenden Kommentare oder Anfragen auf einen persönlichen Kontakt umzulenken (Hotline einrichten, persönliche Betreuung zusichern, Prüfung und gegebenenfalls Entschädigung in Aussicht stellen, Ansprechpartner nennen, Verständnis zeigen). Mit pauschalen Schuldeingeständnissen sollten Sie sich möglichst vorerst noch zurückhalten. Allerdings sollte es auch keine unnötige Verzögerung bei Zugeständnissen geben, die ohnehin nicht mehr abzuwenden sind:

- Wie reagieren wir im Ernstfall auf einen Shitstorm?
- Auf welchen Kanälen reagieren wir?
- Wie soll unser Umgang mit der Presse aussehen?
- Wer koordiniert die Aktionen, wenn der Ernstfall eintritt?
- Welche Strukturen und Ressourcen müssen dafür geschaffen werden?

Im Idealfall gibt es einen vorher festgelegten Koordinator, der für die Außenkommunikation zuständig ist. Gerade wenn unklar ist, wer in dieser Situation den Hut aufhat, geben Mitarbeiter in ihrer Ratlosigkeit oft unterschiedliche oder widersprüchliche Erklärungen ab. Das macht die Situation in der Außenwirkung aber noch schlimmer und schwächt Ihre Position, weil es Kritikern neuen Zündstoff liefert. Plötzlich müssen Sie sich nicht mehr nur gegen den ursprünglichen Vorwurf wehren, sondern sich auch noch für die widersprüchlichen Statements aus Ihrem Haus rechtfertigen. Das vermittelt schnell den Eindruck, dass in Ihrem Laden die rechte Hand nicht weiß, was die linke tut.

Seien Sie auch vorsichtig mit voreiligen Dementis. Sie können davon ausgehen, dass alle unangenehmen Tatsachen irgendwann ohnehin herauskommen. Widerstehen Sie der Versuchung, jetzt noch etwas verschweigen, vertuschen oder herunterspielen zu wollen. Falls Sie erst dann Fehler einräumen, wenn sie sowieso schon unausweichlich aufgedeckt wurden, demontieren Sie weiter selbst mit aller Macht Ihre Glaubwürdigkeit. Sie können ohnehin nicht mehr viel retten, aber vieles noch schlimmer machen. Das Ziel sollte auch hier sein: mit Anstand durch die Krise.

Dafür sollten vorbereitete Tweets oder Statements in der Schublade bereitliegen, die Sie am besten in ruhigen Zeiten von einem Team unter Beteiligung des Managements erarbeiten lassen. Unerwünschte Entgleisungen entstehen vor allem dann, wenn Mitarbeiter in der Krisensituation auf sich allein gestellt sind und unter Druck zwar in bester Absicht, aber dennoch aus einer gewissen Verzweiflung und Ratlosigkeit handeln. Das ist sicher gut gemeint, geht aber meist nur zufällig in die richtige Richtung. Viel zu groß ist die Gefahr, dass die Krisenbewältigung aus fehlendem Weitblick dem Zufall und einzelnen, eigentlich dafür nicht geeigneten Mitarbeitern überlassen bleibt. Dies kann schlimmstenfalls zu einem enormen Schaden für das Gesamtunternehmen führen. Mit einer soliden Vorbereitung erhöhen Sie die Chance, dass der Shitstorm ohne größeren Schaden über Sie hinwegfegt.

Abschluss: »Allzeit gute Fahrt!« auf dem neuen Kurs

Psychotricks sind wie Lottomillionen: Jeder hätte sie gern, aber nur die wenigsten profitieren wirklich davon. Am Ende haben die meisten Spieler aber verloren.

Führung ohne Werte ist »wertlos«, wie Sie jetzt wissen. In einer Zeit, in der sich Konsumgüter und Dienstleistungen unterschiedlicher Unternehmen einander immer weiter angleichen und Fachkräfte Mangelware sind, wird der Wettbewerb um attraktive Kunden und Mitarbeiter auf dem Feld der Emotionen und persönlichen Beziehungen gewonnen. Vertrauen ist hier ein entscheidender Faktor und ein wesentlicher Wettbewerbsvorteil. Deshalb lohnt es sich, in diesen Markt der Zukunft zu investieren.

Ich freue mich über Kommentare und Rückmeldungen zu diesem Buch und unterstütze Sie auch gern persönlich bei der Umsetzung in die Praxis durch Vorträge, Coachings oder Seminare. Nehmen Sie Kontakt auf: www.frank-hagenow.com. Hier finden Sie auch weitere Informationen zum »Führen ohne Psychotricks«. Nachdem wir gemeinsam einen Blick auf die dunkle Seite der Macht mit ihren psychologischen Mechanismen und Phänomenen geworfen und Sie tapfer bis hierhin durchgehalten haben, möchte ich Sie ermutigen:

 Klappen Sie die Psychotrickkiste in Ihrem Unternehmen zu und begegnen Sie einander mit Offenheit, Empathie und innerer Klarheit auf Augenhöhe. Es lohnt sich!

Ich wünsche Ihnen »Allzeit gute Fahrt« auf diesem Kurs. Doch zuvor liegt mir noch etwas anderes am Herzen.

Ein Buch zu schreiben ist ein einsamer Job – möchte man meinen. Aber das stimmt nicht. Jedenfalls nicht für dieses Buch. Hier sind viele Ideen, Gedanken und Impulse eingeflossen, die ich im Kontakt mit anderen Menschen auf dem Weg dahin sammeln durfte. Darum ist es mir nicht nur eine angenehme Pflicht, sondern ein inneres Bedürfnis, einige meiner Wegbegleiter und Impulsgeber zu erwähnen und mich von Herzen für ihre Unterstützung zu bedanken.

Danke an ...
… die vielen bereichernden Coaching-Kontakte mit Menschen, die mich vertrauensvoll in ihr persönliches System und in ihr Herz haben blicken lassen. Sie haben mich immer wieder ermutigt, gemeinsam etwas Licht auf die dunkle Seite der Macht zu bringen.
… den Berufsverband für Redner und Trainer, die German Speakers Association (GSA), und an meine sehr geschätzten Kollegen Sigi Haider, Michael Rossié, Elisabeth Motsch und Martin Laschkolnig für ihre wertvollen Impulse.
… die kompetenten Menschen beim GABAL Verlag wie zum Beispiel André Jünger, Dr. Michael Madel und Dr. Sandra Krebs, die mich mit ihrer Expertise bei der Realisation dieses Buchprojekts begleitet haben.
… die vielen internationalen Kolleginnen und Kollegen von der National Speakers Association (NSA) wie etwa Brian Walter, Fredrik Härén, Jill Schiefelbein und Jonathan Low.
… an Cathrin Dorner für ihre freundliche Unterstützung bei der internationalen Ausrichtung.

Besonderer Dank gebührt meiner Partnerin Barbara, die mich immer wieder mit ihrer unbestechlichen Klarheit sowie ihrer zugewandten Klugheit unterstützt und die es dennoch (»Dieser Mann …!«, Augenroll) schon so lange mit mir aushält. Danke, Babsel.

Ihr
Frank Hagenow

Verwendete und weiterführende Literatur

Arnold, Rolf: *Wie man führt, ohne zu dominieren: 29 Regeln für ein kluges Leadership.* Carl-Auer Verlag GmbH, Heidelberg 2015

Borbonus, René: *Respekt!: Wie Sie Ansehen bei Freund und Feind gewinnen.* Econ Verlag, Berlin, 3. Auflage 2011

Brandt, Jörg: *Das professionelle 1x1: Führen auf Augenhöhe. Kollegen und Teams motivieren und leiten.* Cornelsen Verlag, Berlin 2010

Brecht, Bertolt: *Werke. Große kommentierte Berliner und Frankfurter Ausgabe.* Suhrkamp Verlag, Berlin 1988

Breckwoldt, Frank: *Hochleistung und Menschlichkeit. Das pragmatische Führungskonzept für gesunde Spitzenleistung.* GABAL Verlag, Offenbach 2013

Buhr, Andreas: *Führungsprinzipien: Worauf es bei Führung wirklich ankommt.* GABAL Verlag, Offenbach, 2. Auflage 2016

Ende, Michael: *Momo.* Thienemann Verlag, Stuttgart 1973

Freud, Sigmund: *Das Lustprinzip: Sexualität.* Rosa-Verlag, 1909

Fromm, Erich: *Haben oder Sein. Die seelischen Grundlagen einer neuen Gesellschaft.* Deutscher Taschenbuch Verlag, München 1979

Glasl, Friedrich: *Konfliktmanagement. Ein Handbuch für Führungskräfte, Beraterinnen und Berater.* Verlag Freies Geistesleben, Stuttgart 2017

Goethe, Johann Wolfgang von: *Werke.* Band 3, Deutscher Taschenbuch Verlag, München 1996

Grieger-Langer, Suzanne: *Die Tricks der Trickser: Immunität gegen Machenschaften, Manipulation und Machtspiele.* Jungfernmann Verlag, Paderborn 2011

Groth, Alexander: *Der Chef, den ich nie vergessen werde: Wie Sie Loyalität und Respekt Ihrer Mitarbeiter gewinnen.* Campus Verlag, Frankfurt am Main 2014

Hagenow, Frank et al.: *Patientenzentrierte Gesprächsführung als Interventionsmethode gegen Zahnbehandlungsangst.* Gesprächspsychotherapie und Personenzentrierte Beratung 02/13, GwG-Verlag, Köln 2013

Hagenow, Frank: *Zahnbehandlungsangst. Evaluation eines Trainingskurses für Zahnärzte zum Umgang mit ängstlichen Patienten.* Akademikerverlag, Saarbrücken 2012

Hagenow, Frank: *Konfliktprophylaxe – Patientenhopping vermeiden.* Dental-Zeitung (2), Köln 2001

Hagenow, Frank: *»Mitunter sitzt die ganze Seele in eines Zahnes kleiner Höhle«. Kommunikation und zwischenmenschlicher Kontakt mit Patienten. Gespräche mit Zahnärztinnen und Zahnärzten.* Unveröffentlichte Diplomarbeit. Fachbereich Psychologie, Universität Hamburg 2000

Herrmann, Sebastian: *Starrköpfe überzeugen: Psychotricks für den Umgang mit Verschwörungstheoretikern, Fundamentalisten, Partnern und Ihrem Chef.* Rowohlt Taschenbuchverlag, Reinbek bei Hamburg 2013

Janssen, Bodo: *Die stille Revolution. Führen mit Sinn und Menschlichkeit.* Ariston Verlag, München 2016

Lessing, Gotthold E.: *Emilia Galotti.* Reclam-Verlag, Leipzig 1986

Maslow, Abraham: *Motivation und Persönlichkeit.* Rowohlt-Verlag, Reinbek bei Hamburg 1981

Nasher, Jack: *Entlarvt. Wie Sie in jedem Gespräch an die ganze Wahrheit kommen.* Campus-Verlag, Frankfurt am Main 2015

Peter, Laurence J.; Hill, Raymond: *Das Peter-Prinzip oder Die Hierarchie der Unfähigen.* Rowohlt-Verlag, Reinbek bei Hamburg 2001

Rogers, Carl R.: *Die klientenzentrierte Gesprächspsychotherapie.* Fischer-Verlag, Frankfurt am Main 1983

Rosenzweig, Phil: *Der Halo-Effekt: Wie Manager sich täuschen lassen.* GABAL Verlag, Offenbach 2008

Satir, Virginia: *Selbstwert und Kommunikation.* Klett-Cotta, Stuttgart, 22. Auflage 2016

Schulz von Thun, Friedemann: *Miteinander reden, 1–4:* Störungen und Klärungen / Stile, Werte und Persönlichkeitsentwicklung / Das »Innere Team« und situationsgerechte Kommunikation / Fragen und Antworten. Rowohlt Taschenbuch Verlag, Reinbek bei Hamburg 2014

Seiwert, Lothar (Hrsg.): *Die besten Ideen für erfolgreiche Führung*. GABAL Verlag, Offenbach 2014

Selvini-Palazzoli, Mara et al.: *Der entzauberte Magier*. Klett-Cotta Verlag, Stuttgart 1989

Selvini-Palazzoli, Mara et al.: *Paradoxon und Gegenparadoxon*. Klett-Cotta Verlag, Stuttgart 1996

Shakespeare, William: *Hamlet, Prinz von Dänemark*. In: Gesamtwerk, Bd. 4, Weltbild-Verlag 1995

Siebenbrock, Heinz: *Führen Sie schon oder herrschen Sie noch? Eine Anleitung zum fairen Management*. Tectum Wissenschaftsverlag, Marburg 2013

Sprenger, Reinhard K.: *Radikal führen*. Campus-Verlag, Frankfurt am Main, 2012

Sprenger, Reinhard K.: *Das anständige Unternehmen. Was richtige Führung ausmacht und was sie weglässt*. Deutsche Verlags-Anstalt, München, 2. Auflage 2015

Thiele, Albert: *Argumentieren unter Stress: Wie man unfaire Angriffe erfolgreich abwehrt*. Deutscher Taschenbuch Verlag, München 2015

Thorndike, Edward Lee: *A constant error in psychological rating*. Journal of Applied Psychology, 4, 25–29, 1920

Twain, Mark: *Tom Sawyer*. Der Kinderbuchverlag, Berlin 1990

Watzlawick, Paul et al.: *Menschliche Kommunikation. Formen, Störungen, Paradoxien*. Huber Verlag, Bern 1990

Watzlawick, Paul et al.: *Lösungen. Zur Theorie und Praxis menschlichen Wandels*. Huber Verlag, Bern 1992

Weidner, Hannelore: *Anerkennung und Wertschätzung: Futter für die Seele und Treibstoff für Erfolg*. GABAL Verlag, Offenbach 2016

White, Dan: *Miese Chefs: Die Tricks der Tyrannen am Arbeitsplatz*. Ariston Verlag, Kindle Edition, München 2012

Stichwortverzeichnis

Der Autor

Dr. Frank Hagenow ist promovierter Psychologe, Business Coach und Keynote Speaker und hat neben Psychologie Freizeit- und Tourismuswissenschaften in Hamburg studiert. Seine Schwerpunkte waren die Pädagogische sowie die Arbeits-, Betriebs- und Organisationspsychologie. Als Kommunikations-Psychologe hat er viele Seminare für Führungskräfte sowie Konfliktklärungen durchgeführt und zahlreiche Topmanager begleitet.

Darüber hinaus blickt er auf eigene und langjährige Erfahrungen als psychologischer Gutachter und Führungskraft zurück. Er verfügt über eine Zusatzausbildung »Beratung und Training« bei Prof. Friedemann Schulz von Thun und hat für ein erfolgreiches Trainingskonzept zur professionellen Gesprächsführung seinen Doktortitel verliehen bekommen. In seinem früheren Leben war er als Fahrschulunternehmer in Hamburg und Rostock tätig und hat in dieser Zeit als Trainer viele Sicherheitstrainings für Pkw- und Motorradfahrer geleitet.

Frank Hagenow besitzt die europaweite Anerkennung als »Psychologe EuroPsy« durch das European Certificate in Psychology der EFPA (European Federation of Psychologists' Associations). Seine Vorträge führen ihn immer wieder auch auf internationales Parkett wie zum Beispiel nach China, Island, Österreich, Spanien oder in die USA.

www.frank-hagenow.com

DR. FRANK HAGENOW

PSYCHOLOGE ▪ BUSINESS COACH ▪ KEYNOTE SPEAKER

DR. FRANK HAGENOW

Psychologe – Business Coach
Autor – Keynote Speaker

„Durch seinen lebendigen und humorvollen Vortrag hat Dr. Hagenow ganz neue Perspektiven eröffnet."

Mag. Cathrin Dorner,
CEO Design & Ordnung,
Linz, Austria

Impulsvortrag für die Unternehmenspraxis

SOUVERÄN
FÜHREN
OHNE
PSYCHOTRICKS

Führen ohne Werte
ist „wertlos".

- Die dunkle Seite der Macht: Die bewussten Psychotricks und versteckten Fallstricke
- Wie Sie Manipulationen erkennen, vermeiden und überwinden
- Wie Sie einen von Werten geprägten Führungsstil entwickeln
- Wie es Ihnen gelingt, langfristig Vertrauen zu Mitarbeitern und Kunden aufzubauen

Buchen Sie jetzt den Vortrag zum Buch und erhalten Sie konkrete Tipps und Werkzeuge für eine nachhaltige Umsetzung!

office@frank-hagenow.com

Frank Hagenow – Coaching

DENKEN SIE
ÜBER DEN TELLERRAND
HINAUS

Setzen Sie neue Impulse für eine Unternehmens-
und Führungskultur ohne Psychotricks

Sie möchten ...

- Reibungsverluste durch Innere Kündigung, Konflikte und Fluktuation in Ihrem Unternehmen oder Team vermeiden?
- mehr Führung ohne Psychotricks auf Augenhöhe etablieren?
- neue Akzente für eine zukünftige Positionierung setzen, um sich
  erfolgreich von Ihren Wettbewerbern abzuheben?
- Ihre Mitarbeiter zu mehr Eigeninitiative und Selbstverantwortung
  motivieren?
- die Kenntnisse eines erfahrenen Business-Coaches nutzen?

**Kontaktieren Sie uns - Wir informieren Sie gern über massgeschneiderte
Lösungsvorschläge für Ihre Anforderungen!**

www.frank-hagenow.com

„Vielen Dank für den tollen Vortrag. Echt genial – das hat mir sehr gut gefallen!"

Thomas Schnehagen,
Vertriebsmanager Deutschland
Profile Dynamics Deutschland GmbH

DR. FRANK HAGENOW
PSYCHOLOGE ▪ BUSINESS COACH ▪ KEYNOTE SPEAKER

Frank Hagenow – Seminare

SOUVERÄN
FÜHREN
OHNE
PSYCHOTRICKS

Kernkompetenzen für Führungskräfte

Die Seminarreihe richtet sich an Menschen in Führungspositionen, die sich oder Ihr Unternehmen mit Ethik, Anstand und Wertschätzung in einem immer schneller wandelnden Wettbewerb nachhaltig positionieren wollen. Der Schwerpunkt liegt hier ganz besonders auf der konkreten Umsetzung in Ihrem persönlichen Umfeld.

Aus dem Inhalt:

- Kommunikations-Psychologie für Führungskräfte
- Führen mit Persönlichkeit
- Chefsache Konfliktmanagement

**Haben Sie Fragen zum Seminarprogramm von Frank Hagenow?
Nehmen Sie Kontakt mit uns auf. Wir freuen uns auf Ihre Anfrage!**

www.frank-hagenow.com